吃在南北

岁寒围炉话火锅

东篱菊绽，时序转秋，正是已凉天气未寒时期了，这个时候如果要吃涮羊肉火锅（早先吃涮锅子只限羊肉，很少用牛肉的），似乎又嫌早了一点儿，北平各大饭馆为了招徕顾客，于是先添上菊花锅子，作为应时的供应。菊花锅子用的是浅底敞沿挂锡裹的紫铜锅，取其传热易熟。黄铜底托，镂花隔墙，中间是比酒盅大一点的酒池，贮放酒精。这种菊花锅原本是锡器店的独门生意，后来搪瓷跟铝制品大行其道，锡器店趋于淘汰，现在市面上已经买不到真正紫铜锡裹的菊花锅子啦。菊花锅子顾名思义，锅子里以菊花为主，可是吃的菊花瓣一定要用白色的，据说白色者无毒，而且香味馥郁。把刚开放的白菊摘瓣去蒂，跟鱼片、虾仁、腰片、里脊，加上炸粉丝、白菜心，放在锅里或煮或涮，众香发越，甘旨柔滑，正是秋末冬初宜饭宜酒的美肴。

什锦火锅，在酒席上来说是一种压桌的饭菜，一般人除非饭量特别好的动动筷子外，大多数的人在醉饱之余，顶多浅尝即止。普通什锦火锅无非是海参、白肉、蛋饺、鸡块、炉肉、虾仁、胗肝、肚片、粉条、白菜而已。有一次一位警界朋友请我在北平后门庆和堂吃便饭，要一个"统领火锅"，这一下可把我考住了。火锅的种类，我知道而吃过的也不算少，可是"统领火锅"不但没尝过，甚至没听说过。结果端上来一看，火锅是出了号的大锅，锅子里除了一般什锦火锅应有的一切外，还有鱼肚、鱼唇、干贝、翅根一类高级海味，比起江浙馆的全家福还来得细致。

据说当年王怀庆任步军统领的时候，每逢缉获杀人放火、抢劫巨案，他一高兴，必定邀请所有出力有功人员，在庆和堂欢聚庆贺一番。什锦火锅里加添若干高级海味，就是他关照做的，所以叫"统领火锅"。这种珍馐肥羜，虽然臛浇杂错，可是物美价廉。因为当时步军统领衙门的人员律己极严，遇上这种破获大案子，为民除害，人人心怀感激，商人只求够本，绝不忍多收一文钱的。

炉肉丸子火锅，这种火锅猪肉杠带盒子铺都有得卖，他们把每天卖不完的炉肉、猪肉剁巴剁巴做成丸子，过一下油。有人叫锅子，柜上的小利巴，不但管送，而且管收，还附送白肉汤一小罐，在抗战之前这样锅子七八毛钱足矣。一般住户，冬季临时有客人来家留饭，叫一个炉肉丸子火锅，自己再另外准备点儿白菜心、细粉丝、冻豆腐边煮边吃，宜饭宜酒，宾主也能乐和一番。

瑞雪初寒，冬意渐浓，就该扇个锅子吃

涮羊肉了。早年吃涮羊肉有许多讲究，火锅一定要用炭火，锅子火扇旺了，发出一股子银炭香，迎风袭人，比用液体酒精、固体酒精或瓦斯都来得够味儿。东北吃涮锅子，可以羊肉、牛肉、猪肉三种同涮，在北平吃涮锅子必定是羊肉、羊肝、羊腰子，甭说牛肉，连牛肚牛脑都不能在同一锅子里涮，说是牛羊膻腴各异，牛羊肉一混合，汤就不好喝啦。北平最著名卖涮锅子的东来顺、西来顺、同和轩、两益轩几家教门馆子，扇好锅子端上来，往锅子里撒上点葱姜末、冬菇口蘑丝，名为起鲜，其实还不是白水一泓，所谓起鲜，也不过是意思意思而已。所以吃锅子点酒菜时，一定要点个卤鸡冻，堂倌一瞧就知道您是行家，这盘卤鸡冻，不但老尺加二，而且特别浓郁，喝完酒把鸡冻往锅子里一倒，清水就变成鸡汤了。

　　早在民国初年，东单哈德门一带洋伙食房子就有机器切的牛羊肉片卖了，可是会吃的朋友一尝，就觉出不对劲儿，有点木木渣渣的，所以北方几家大馆子绝对不用机器切的肉片，而是特约切肉片的师傅来切。切肉片的师傅还非常抢手，要提早在夏天就先到保定、涞水、定兴、定州一带请妥了。到焆烤涮一上市，每家门前都是灯烛辉煌，师傅们运刀如飞，平铺卷筒，各依其部位，什么"黄瓜条"（肋肉）、"上脑"（上腹肉）、"下脑"（下腹肉）、"磨裆"（后腿肉）、"三叉儿"（颈肉）等名堂，机器切片，那是办不到的。这些切肉大师傅们都按季算账的，从立秋到旧历年，高手工钱要过千，次一点儿的也得七八百块，比当时中级公务员一年的薪水还多呢！吃涮锅子最后要下点杂面吃，据说去膻吸油而且吃了不叫渴，是否真有那档子事，只有吃者自己去体会了。锅子吃完，剩下锅子底儿，实在是羊肉锅子精华所在，此时炭尽火熄，余温灼人，要把锅子里残肴倒出再吃，那要看堂倌的道行了，如果倒得干净利落，少不得小费要多叨光几文了。

锅塌儿，属于家庭简便涮羊肉的吃法，到了冬季，北平不论大家小户都要生个煤球炉子来取暖，就利用这个煤球炉子来吃涮锅子，既经济又实惠。北平京西门头沟附近，有一个地方叫斋堂的，当地沙土带有钢性，北平煎药用的薄砂吊子、熬粥用的砂锅、烙饼用的支炉，都是斋堂的特产，它另外有一种砂鼓子，除炖肉外，也可以拿来涮羊肉，只要香油、葱、姜、料酒煸锅放汤后，就可以涮肉吃了。因为煤球炉子火力旺而长，所以锅子汤永远是翻滚的，可省去随时加炭的麻烦，锅边再烤上几块发面饼就着涮肉吃，比火锅确实简便经济多了。

北平是个三六九等复杂的社会，身上有个块儿八毛能让您吃喝玩乐一整天，您要是家财万贯，要把它折腾光了，也非难事。假如您嘴馋了想吃涮锅子，一个人下馆子叫个涮锅子，经济不经济倒是小事，这种"独钓寒江雪"的吃法，汤固然肥不了，一个人独涮，也显得太枯寂单调了。在这种情形之下，您不妨到门框胡同或是天桥去吃共和火锅，跟大家凑凑热闹。共和锅比普通火锅大三四倍，把火锅嵌在镶有铅铁皮矮脚圆桌里，火锅里隔出若干小格，不管生张熟魏，各据一格，自涮自吃互不侵犯，各得其乐。当年北平青年会有个干事美国人艾德敷，最爱吃羊肉涮锅子，一个冬季，他总要到门框胡同吃个十次八次共和锅，后来他调回美国，还特地订做两只共和锅带回他故乡"肯塔基"去。今年夏天我在美国旧金山听朋友说，肯塔基州有一家餐馆卖共和火锅涮羊肉，我想大概是艾德敷先生的流风遗韵吧！

以上是平津一带吃火锅的大致情形，到了东北吃火锅，又跟平津不大一样了。东北的习俗，无论贫富，除夕一定要吃火锅守岁。沈阳有句谚语："家里的火锅子，家外的车伙子。"意思说火锅子、赶车的都是耗费最大的无底洞，车伙子运一趟粮食偷一次，火锅是什么昂贵的山珍海味都可以煮进去。东北的火锅以酸菜、白肉、血肠驰名，台湾大半的北方馆子一到冬季都添上酸菜、白肉、血肠火锅，经霜的大白菜，用开水渍过了，不但去油，而且开胃。讲究的火锅紫蟹银蚶、白鱼冷蟾，众香杂错，各致其美。从前北宁铁路局局长常荫槐最讲究吃这种东北式火锅，他又得交通运输上便利，所以，他冬季在北平请客吃火锅，什么白鱼、蟹腿、山鸡、蜊蝗、蛤士蟆、鱼翅、鹿脯、刺参，东北的珍怪远味，无所不备，加上薄如高丽纸的白肉、细如竹丝的酸菜，锅子开锅一掀锅盖，连二门外都闻到香味，凡是吃过的人，无不认为是火锅中极品。

跟山东朋友聊起潍县诸城的朝天锅，没有不馋涎欲滴的。一交立冬，朝天锅就上市了，爱吃肥的牛肉老锅，爱吃瘦的炉肉老锅，所谓老锅就是陈年老汤。英美烟公司总经销王者香曾经陪我到潍县十二里堡谭家坊子考察烟农种烟叶的情形，顺便在潍县河滩边吃朝天锅。据说那家的老汤，足足有百年以上历史，每天牛肉的销量总在一两百斤之谱，锅子里永远是油汪汪、红炖炖、香喷喷大块肥瘦牛肉，在火锅里翻滚。指定吃哪一块，掌勺儿的立刻用小手叉子挑出来放在案板上，用极熟练的刀功，切块加汤，配上炉边烤得外焦里软的发面火烧一吃，说句良心话，真比一桌不南不北的酒席来得适口入味。当地乡亲们去吃朝天锅，有的吃完之后，还带一罐老汤回家，再加上白菜、豆腐、粉条一炖，一家大小又是一顿有滋味的晚餐啦！

四川烹调的特色是麻辣烫，毛肚火锅可以说三者俱备。北方涮锅子多半是白水一锅，而四川毛肚火锅，锅子汤幺师已经给您调配得当，锅子端上桌，已经浓郁麻辣，香气烂漫了。毛肚送上来一烫即熟，入口甘脆，所以餐后幺师必定奉上热帕子、漱口水，让客人把辣出来的满头大汗擦去才好出门，用凉水漱口，可以使口腔里的麻辣劲儿早点消失。笔者第一次吃毛肚火锅，放下筷子，就觉得面颊红涨，不久就长出两粒青春痘来，后来才渐渐习惯了。现在四十岁左右大陆来的朋友，十之八九嗜食辣椒，甭问，必定是四川来的川娃儿，要不然就是别省人在四川长大的。现在在中国住久了的欧美士女也染上嗜食辣椒的习惯，他们比我们似乎还尤有过之呢！

台湾光复之初，任何大陆口味的火锅都没有，要吃只有日本的鸡素烧。平锅浅沿，非煎非煮，还猛往锅里放砂糖，甜中带咸，咸里有甜，加上酱油里搅上生鸡蛋蘸肉片吃，只能说是异国风味，谈不上什么好吃。总之三岛来台的观光客，一进饭馆就要𤋎烤涮，很少吃鸡素烧的，两者的滋味如何，就可思过半矣。

台湾光复不久，红楼圆环发现了几家卖

沙茶牛肉炉的。除了肉类内脏，还加上鱼丸、贡丸、鱼饺、牛脑、脊髓，所谓沙茶实际是来自马来西亚，而不是中国发明的。"沙茶"也是马来话译音，意思是"三块"。马来人习惯把三块肉穿在竹签上，在滚开酱汁里涮着吃，每串三块，所以叉三块以讹传讹就变成沙茶了。沙茶酱的原料以虾米、鳊鱼、花生、椰子粉为主，配料有姜粉、辣椒粉、葱干、蒜头、五香、芝麻、糖、盐，以椰子油炒制而成，而且各有秘方。本来用来炒菜的，现在反而变成吃火锅必不可少的蘸料了。今春笔者旅游东南亚，到处都有潮汕沙茶火锅供应，想不到马来西亚的名产变成中国吃火锅的调味料了。

韩国的石头火锅，在台湾也热闹了一阵子，橘逾淮而为枳，跟韩国朋友谈谈，在台湾所吃韩国火锅，跟在韩国吃法也有所差异，而且味道也不十分一样，是否烹调手艺欠佳，或是配料有差，那就不得而知了。今年台湾餐馆花样翻新，又有所谓一人份火锅问世，我想吃火锅总要有三五位谈得来的朋友，围炉饮啖，才觉得调畅醺醺，如果是一人独酌，未免情怀历落，寡酒难饮，您说对不？如果个人习性喜欢独酌的，那又另当别论了。

围炉吃火锅

梁实秋教授在看了拙作《中国吃》之后，写了一篇洋洋洒洒的文章，他说："中国人馋，也许北平人比较起来最馋。"在下忝为中国人，又是北平土生土长的，可以够得上馋中之馋了。

想当年在大陆的时候，一进十月门，大家小户就都生火取暖了，只要西北风一刮，天是灰暗暗阴沉沉的，想到"晚来天欲雪，能饮一杯无"两句诗，就想约个三朋四友，找到小馆，煸个锅子，大家一围，吃吃喝喝来消寒暖冬。

提起火锅，各有各的吃法，种类可多啦。

以四川来说，令人回味无穷的是毛肚火锅，四川人叫毛肚开堂，所谓毛肚却包括了牛身上各种可吃的东西，例如肝、肚、脑、肾、脊髓、牛肉，不过是以牛百叶为主罢了。吃毛肚选料要精，刀功要细，吃到嘴里，软硬程度要恰到好处，讲究脆而不韧，连吃几箸毛肚，不会让腮帮子发酸。吃火锅大家都爱喝锅子汤，可是毛肚火锅里除了辣椒之外，花椒多，老姜多，既麻且辣，除非从小习惯于重辣，否则毛肚火锅里的汤是真够劲儿的。能够大碗喝毛肚锅子汤，既麻且辣，又烫又鲜，那您吃麻辣的道行，可就够瞧的了。

珠江流域的广州，冬天虽然不算冷，可是到了冬令也时兴打边炉吃火锅。广东的饮食是比较精细的，所以打边的材料，以海鲜为主，除了鱼片、虾仁、鱿鱼、鲜蚝、腰片、鸡片、肚片之外，肉片所占比例极少，而且限于猪肉。所以广州的边炉，可以说是滑香细润，清淡味永。不过有些喜欢甘肥厚重的人，吃起广东边炉就觉得不能十分解馋了。广东的吃家说，打边炉绍兴白干都不对劲，最好喝羊城的双蒸，这是知音之言，大家不妨试试。

沙茶火锅是广东潮汕一带人冬日围炉的隽品，沙茶属于潮汕的特产品，每家都有自己特制的独家秘方，味道也就各有所长，拿来做涮锅子的调味料，确实别具风味。笔者去年在曼谷千秋架（地名）一家真正潮州饭馆，吃过一次正宗沙茶火锅，沙茶是店里自制，腴润味正，跟市面上所卖的罐制沙茶酱迥然不同。猪肚肉片，并不是切得其薄如纸，都是厚厚实实的，起初以为这么厚的肚子和肉片，一定嚼不动，就是能嚼，一定要多费咀嚼之力。哪知涮好了一吃，前者脆，后者爽，厨师的刀功火候，似乎别有一格，跟北方吃火锅，完全两工。最妙的是火锅膛深汤滚，涮料一下锅，岂不是鱼入大海，没法网获了吗？无怪乎前人曾经说过，吃在岭南。

人家吃火锅有特制钢丝编织的小漏勺一柄，各自据勺而涮，既不怕涮得鱼肉流失，而且免得东捞西夹，既不卫生又欠雅观，其实凡是涮着吃的火锅，每人跟前放一把小漏勺使用，岂不甚妙，可惜咱们从前怎么就没想到呢。

安徽在全国各行省里，虽然不是特别讲究美食的省份，可是在乾隆嘉庆年代徽州饭馆，玉糁羹、金整脍是赫赫有名的。徽馆到了隆冬腊月，也讲究吃边炉。民国二十年，笔者在武汉工作，有几位同学也都在武汉金融界工作，彼此都未携眷，每天散值，晚饭大家总是凑在一块儿打游击下小馆。最高纪录曾经有过两个半月，没进同一饭馆吃晚饭。

有一个冬晚，大家从汉口中山路信步而前，不知不觉走到硚口，忽然发现了一家有楼而古色古香的饭馆，楼上雅座居然是红木桌椅，有炕床有炕桌，最妙的是炕床上还有一对瓷帽筒。照这个排场来看，这个饭馆最少有几十年历史啦。堂倌是个五十多岁的老伙计，我们要了一个六人份边炉，他介绍我们来个全份鸭馄饨，先上酒菜喝酒打边。徽馆鸭馄饨比温州馄饨还要大，全份是六个酒菜，既充实又地道，足够十个人的酒菜了。他家边炉是用一种绿釉烧炭的瓦炉，铜底锡里扁而浅的锅子，汤清味永，各种锅子料，一汆就熟，每人三五箸子，差不多已经一扫而光，此刻的汤仍旧是爽而不濡。下个十来只鸭馄饨醒醒酒，适口充肠，非常落胃。后来去的次数一多，没事跟堂倌一话家常，才知道这家饭馆，在晚清也是享过大名，当年张香涛（之洞）、梁星海（鼎芬）一班清流派的大官，如果在汉口举行文酒之会，多半是到他们这家百年徽馆"醉白楼"来诗酒流连，畅叙一番。那就无怪这家徽馆，招呼客人，上菜烫酒，都能中规中矩，一切井井有条呢。

东北各省属于寒带地区，冬天特别冷不说，而且时间也分外的长，到了冬天，来个火锅，饥寒两样都可以解决啦。东北的火锅以酸菜为主，东北冬早，不到立冬，就见冰碴儿，把经霜的大白菜，开水一渍，拿大石墩子压上三五天，就成了酸菜啦。虽然人人会做，可是手法各有巧妙不同，高手渍出来的酸菜，晶莹凝玉，微酸而鲜，入口怡然。熬汤讲究用野鸭、冰蟹、蜊蝗、珧柱，汤鲜味厚，爽而不腻。锅子料主要是酸菜、白肉、血肠、山鸡、粉丝、黄花、木耳，能再放点白鱼片、大蛤蜊，那就更为滑香腴润啦。酸菜火锅除了鲜而不腻之外，因为酸菜既开胃，又能助消化，所以吃完酸菜火锅没有膨闷饱胀的感觉。前些年台湾没有经霜的大白菜，渍出来的酸菜，鲜度固然有差，同时后味总有点苦涩。近来市面上有金门跟梨山大白菜上市，都是经过霜的，渍出来的酸菜跟大陆大白菜其色澄明、其味芳甜丝毫不差。此时此地虽然吃不到松花江的大白鱼，可是白令海的鳕鱼近年已经到处有售，用鳕鱼代替白鱼，更是觉得甘肥适口。台湾东北朋友不少，大家不妨试试，就知道在下说的不假啦。

平津一带，到了交秋，一换上衬绒袍，正是东篱菊绽，鹅黄衬紫，吃菊花锅子的时候了。北平的菊花锅子，以当年廊房头条第一楼的玉楼春最拿手。玉楼春虽然是河南馆子，除了糖醋瓦块是他们门面菜之外，到了重阳九九登高，喜欢凑热闹的朋友总要到玉楼春来个菊花锅子荐荐新。菊花锅子似乎跟一般锅子吃法有点不一样，其他锅子是一边吃，一边往里续肉料，以吃饱为度。菊花锅子的锅料不外是鸡片、肉片、山鸡、胗肝、腰片、鱼片、虾仁、炸粉丝，最后浇上一盘白菊花瓣，讲究清逸浥郁，菊香绕舌，等于是个汤菜。玉楼春的菊花锅子，是菊花跟别家不同，他们掌柜的姓甚名谁不知道，谈吐斯文，当年可能是位读书人，能写能画，自署"逸菊使"，跟陶渊明癖好相同，是位养菊名家。据他说只有白菊花才能入馔，白菊中

481

有一种叫餐英菊，做菊花锅子最好，不但清馨芬郁，而且不苦不涩，烫热之后，绝无熟汤子味。所以他家的菊花锅子，能够独步当时。这种餐英菊一年也不过培养十盆八盆，不是真正吃客，他还舍不得用来待客呢。

什锦火锅，名为火锅，实际就是大杂烩暖锅，冬天吃成桌酒桌，最后来个什锦火锅压桌，其中蛋饺、鱼丸、海参、鸡块、白菜、粉条，酒量大、食量宏的朋友，最后来个热气腾腾宜酒宜饭的什锦锅，的确非常实惠，滋味如何不谈，您最后总能闹个酒足饭饱。

最后谈到平津冬天最流行的涮锅子全是羊肉片（牛肉只有烤着吃，没有涮着吃的），讲究切得越薄越好，所有大饭馆切肉师傅都是重金礼聘的切肉高手，一冬所得，要够一年的嚼谷（生活费用），而且要头一年预约，否则真正的老手早就有人请去啦。您临时能够请到的，全是些二把刀，羊肉片切得厚，一冬下来，柜上的损失可就大啦。

在民国十六七年，一盘肉说是四两，其实能有三两出头，就算不错。一位高手把冻肉切得飞薄而且打卷，看起来满盘，其实数量不多，十二两肉，能充一斤卖。一冬下来，像东来顺、西来顺到冬天以卖焖烤涮为主的饭馆，要是一等一的高手，能给柜上省多少钱呀。涮锅子牛羊两下锅，是到七七事变才时兴的，有人一提倡，立刻就行开啦。

北平的火锅一端上桌，可真是君子之交，白水滚滚，后来怕外行客人挑眼，弄一小盘干虾米、冬菜、姜末花往锅子里一倒，算是熬汤，其实放不放都不发生什么作用。一般吃客，吃涮锅子的大概多少总要先喝两盅。谈起吃涮锅喝酒，必定是高粱二锅头，要不然来瓶五加皮，至不济也得来上四两玫瑰露。十拨客人难得有一拨是要绍兴酒，如果吃涮锅喝绍兴，八成是外地来的客人。既然喝酒就得先叫几个酒菜，老北平一定要来一个口蘑卤鸡冻，您就是不要，伙计也会提醒您点，因为卤鸡冻下酒固然好，吃不完的鸡冻往锅子里一倒，清水可就变成鸡汤，那比跟伙计商量来份锅子底，可又卫生、冠冕多啦。当年在大陆吃烤的、吃涮的，肉片的名堂可算五花八门，什么腰窝、上脑、三叉儿、黄瓜条儿、大肥片儿，您要什么有什么。

去年从香港来了一位朋友，在下请他吃涮锅子，他跟伙计说来几盘上脑跟黄瓜。可怜此地的羊，都是小山羊，根本没有大尾巴肉羊，吃涮锅子，端上来的肉简直分不出是哪一块儿的肉。伙计能端几盘肥瘦分明的羊肉，就算挺够意思啦，哪还谈得上什么上脑、黄瓜条儿呢。又到冬天，节交霜降，在大陆此刻正是吃包烤涮的季节了，可是台湾的平津饭馆都不大愿意卖涮锅子。据说主要原因是羊肉太差，恐怕耽误主顾，另外是卖涮锅子特别忙碌，可是又不下钱，所以能免就免，还是煎炒烹炸，多卖点时鲜小菜来得划算。

吃饺子杂谈

从前北方人拿饺子当主食，南方人拿饺子当点心。自从抗战军兴，前后方民众来了个大流徙，在饮食习惯方面，于是有了绝大的变化。年轻的一代因为长居云贵川，对于辣椒都有了偏嗜，拿面食当主餐的人也渐渐多了起来。现在台湾无论哪个县市，大街小巷随处可见饺子馆，足证饺子已经成为社会上最大众化的食品了。

饺子有蒸煮之分，所以煮的叫水饺，蒸的叫蒸饺。满洲人管水饺叫煮饽饽，黄河两岸有的地方叫扁食，最特别的是山东菜管煮水饺叫"下包"，外乡人初履斯土，听说"下包"时常被弄得莫名其妙。

当年北方乡间民情淳朴,生活节约,除了逢年过节才吃一顿白面饺子外,平素多半是吃荞麦面、高粱面、豆面、带麸皮的黑面包的饺子。至于谈到饺子馅儿,有荤有素。荤馅儿除了猪牛羊肉之外,还有鸡肉、虾仁、鱼肉、三鲜等;荤馅儿还有配上大白菜、小白菜、菠菜、韭菜、韭青、大葱、茴香、西葫芦、冬瓜、南瓜、荠菜、扁豆的,有的人甚至拿萝卜缨儿、掐菜须做馅儿的。虽然属于废物利用,却别具一格,偶或吃一次,倒也另有风味。素馅儿是白菜、菠菜、粉丝、豆腐、金针、木耳、冬笋,等等,要是加入鸡蛋、金钩、韭黄那就成为花素了。另外有用南瓜、鸡鸭血、金钩做馅儿的,亦荤亦素也非常香腴适口。

包饺子,分拌馅儿、和面、擀皮、包捏、煮熟五部曲,在北方有句俗语是:"舒服不过躺着,好吃不过饺子。"饺子之人人爱吃,我想不外是饺子馅儿种类繁多，变化多端，所以才能让人多吃不厌。饺子好吃不好吃，端视馅儿拌得好不好来决定。饺子馅儿分剁、切、擦三种，何者应剁，何者应切，何者用刨子擦，都有一定之规的，总之松腻粗细适中（如用绞肉味道就差了）方属上乘。调配料如果调配得当，饺子入口，觉得咸淡恰好。用油多寡更为重要，要能松腴柔润，不结不腻，才算高手。和面虽然不算什么难事，可是用水多少也非常重要，面要和得软硬适度，那就看揉面用水多寡得当不得当了。饺子皮分压跟擀两种，压皮快而不圆，擀皮虽圆而慢，自然擀皮的饺子比压皮来得整齐美观，不过包捏手艺到家，饺子煮熟，吃起来是不容易分别擀皮压皮的。

包饺子又叫捏饺子，饭馆做的多半跟家庭包法不同，叫"挤"，一挤一个，手法非常之快。北方还有个老妈妈论，三十晚上包饺子，接财神的时候无论男女老幼，都要包上三两只。说是包几只饺子，可以把小人嘴捏住，可免小人胡说八道，招惹些是是非非出来。财神饺子里面要包小钱，恐怕饺子捏不牢，破了会漏财，于是财神饺子都捏上花边，虽然费点事，可是绝不至于饺子咧嘴散馅儿漏财。

煮饺子一锅不能煮太多，如果饺子在锅里翻不过身来，不但不容易煮熟，而且易粘易破。熟馅儿点一次水，就可以煮熟，生馅儿可能要点两三次水，馅儿才能煮熟，那要看馅儿的大小、皮的厚薄而定，所以煮饺子也是有门道的呢！

北方人吃饺子讲究薄皮大馅儿才能解馋。笔者认为馅儿的大小无关宏旨，反而馅子填得太多，失去了皮跟馅儿中和的滋味，倒是边窄、皮薄是吃饺子的唯一条件。假如边宽皮厚，再加上口淡，就难以下咽了。笔者虽是有名馋人，但是向不挑嘴，有一年在国外有位东北朋友请我吃水饺，每个饺子大有两寸，皮子厚逾铜板，馅子更是大如肉丁馒头的肉粒，我当时真想把"好吃不过饺子"这句话改为"最难吃不过饺子"，所以从此增加了几分戒心，凡是不十分熟识的人请我吃饺子，我总是逊谢不遑的。

北方新郎新娘拜完天地入洞房，首先要由家人包儿只饺子给新郎新娘吃，这种饺子用一根筷子填馅儿，饺子包起来非常小巧，煮熟也不过像大蚕豆一般，北方人叫它子孙饽饽，大概是最小的饺子了。

饺子的馅儿，以笔者个人爱好来说，荤馅儿以冬笋猪肉馅儿最好吃，冬笋切细粒与肉末同炒做馅儿，味宜稍淡，笋粒越细方不致把饺子皮戳破，此为冬令饺子中妙品。素馅儿以菠菜、小白菜各半，摊鸡蛋切碎，上好虾米也切碎。虾米多用不妨，取其鲜咸，可少用调味料。有韭菜胡萝卜时分别加入少许提味配色，比一般馆店加豆腐、粉条、金针、木耳，真所谓食唯韭薤，味清而隽也。

谈到最会吃饺子，那就不能不佩服逊清贝勒载涛啦。有一年数九天下大雪，他忽发雅兴，到东安市场东来顺，要吃羊肉白菜饺子，指明羊肉要用后腿肉，等饺子上桌他尝了一口，立刻大发雷霆，指责跑堂不照吩咐去做。敢情灶上看见一块羊里脊又细又嫩，就把那条里脊剁了馅儿了，谁知那位美食专家舌头真灵，居然吃出不对劲儿来，真可谓神乎其技了。

南方人吃饺子似乎没有北方人来得讲究，可是有一次在上海怡红酒家吃过一次灌汤水饺，一盂两只，现煮上桌，斋脍融浆芬濡不腻。五羊面点一律使用澄粉，而灌汤饺是用纯粹面粉而不用澄粉，又是水煮而不上蒸笼，虽然价格比一般面点高一倍，实在还是难能可贵的。后来在上海、广州、香港各地广东酒楼，就没见有这种灌汤饺出售了。

南方筵席的点心，很少有用水饺的，偶或用鸡汤煮小水饺，饺子皮大多厚而且硬，不能适口。倒是酒席上的蒸饺（北方叫烫面饺）南胜于北，吃过几回颇为不俗的蒸饺。在上海老伴斋吃过一次翡翠蒸饺，据说是扬州富春茶社主人陈步云的传授，后加以改良的。他把小青菜剁碎成泥，和糖为馅儿，碧玉溶浆，其甘如饴。汉口大吉春有一种豌豆泥蒸饺，他家本来是不轻易做来奉客，那位白案子师傅，来自安徽宣城旧家，是老板的亲家，碰他酒后兴足才一展身手。笔者倒是碰巧躬逢其盛，膏润芳鲜，确属妙馔。现在武汉旧友有时餐叙，谈到汉口大吉春的豌豆泥蒸饺，还不禁馋涎欲滴呢！北平北城有个推车卖烫面饺的，他有一种三鲜馅儿饺子，珍洁精芳，特别鲜美，可惜要尝珍味，必须依车进食，方能尽情恣享。

去岁年尾大扫除，偶检旧箧发现了旧藏广东省造三分六厘小银角子十余枚，系当年在大陆吃财神饺子，包饺子所用小银钱。儿孙辈对于吃包有小银钱的财神饺子极有兴趣，于是把十几枚小钱全部包在饺子里，吃出多寡虽然不同，可是人人有份儿，皆大欢喜，于是把所知包饺子的一鳞半爪写出来。我想，要吃饺子，而自己不太会做的朋友，能按上面所说五部曲琢磨一下来做，必定可以有一餐适口充肠饺子来吃了。

北平、上海、台湾的包子

　　中国不管哪一省的人都会做包子，不过有的地方拿包子当主食，有的地方把包子当点心罢了。

　　先从北平说起吧。北平有一种包子正名叫"门丁"，又叫肉丁馒头。一般包子不论甜咸荤素，都是用手包馅上笼屉来蒸，唯独门丁是把包子皮擀匀，铺在多棱形木制模子里，把肥瘦肉丁加大葱的馅儿填上封口，磕出来再上笼屉蒸的。门丁以煤市街致美斋最出名，您要是跟致美斋交买卖立折子，赶上午饭后到前门外几家园子听戏，让致美斋柜上打听到，约莫四点钟，中轴子的武戏一下场，人

家柜上的伙计就手拎提盒送点心来啦。不是
"葱肉门丁"就是"火腿酥饼",大概听戏听
饿了,觉得此时此地的门丁特别好吃。他们
做门丁肥瘦肉搭配得恰到好处,而且大葱绝
对挑好葱,没有葱须枯叶,所以特别腴润适
口。甭说外地吃不到这样的肉丁馒头,就是
在北平,也只有致美斋才有那么好的门丁呢!

"攒馅包子",北平凡是大点儿的饭庄饭
馆都不做攒馅包子,只小饭馆二荤铺才卖,
可是也不普遍。攒馅包子以西单牌楼西长安
街拐角的小楼最出名,这家小馆小到连字号
都没有,其小可知,后来起了个名叫会仙居,
可是大伙仍然叫它小楼。小楼一角有两个小
单间,一共也坐不下十位客人,每早晨光熹
微,天街人静,先泡一盏香茗,凭槛啜饮,
等候新出屉的攒馅包子。如果喜欢甜咸两进,
叫伙计到楼下端一碗热气腾腾的杏仁茶,否
则来一碗本铺现勾的炒肝,就着热包子一块
吃,不但特别落胃,并且有一种说不出的情

趣和滋味。攒馅包子的馅儿以鸡鸭血胡萝卜为主，此外不过是豆腐、粉条、黄花、木耳、白菜、胡椒而已，可是人家调味料配得好，虽然素不见肉，可是吃到嘴里，一咬一兜红渗渗、油汪汪的汤，不明就里的人还以为是蟹黄汤包呢。还有一绝是包子皮并不光滑，皱皱巴巴颇不受看，吃到嘴里却是越吃越爱吃。二楼的包子只卖早点，以三十笼为限，卖完此数，就明晨请早啦。离开北平之后，只在天津大胡同吃过一次攒馅包子，屈指算来已有三十多年不尝此味矣。

在民国十五六年时候，北平西城忽然发现一个卖天津包子带坛子肉的，每天下午三四点钟就沿街吆喝叫卖了。起先大家以为他拿天津包子来号召，一定是油大卤水多的狗不理的包子啦。等买回来一尝，敢情跟狗不理的包子完全两码事。他卖的包子，皮松馅多，肉不成团，松散腴润，轻油重卤，的确是下午点心的隽品。至于坛子肉，五香味太浓，生意就没包子兴旺啦。他做出来的包子不但滋味好，选料认真，保温方法更妙。他用一只口小厚缸带盖，加上棉套，包子拿出来，永远像新出屉儿热腾腾的。笔者后来跟他熟了，才知道他姓冯，叫葵子，靠近天津的杨村人，所以他的包子才叫天津包子。他的手艺确实是天津狗不理学出来的，算是同宗一脉，人家葵子能够别具手法而加以变更。他每天只卖一百二十只包子，分两次蒸，下两次街来卖，只在西四到西单一带胡同串卖，大约每趟用不了一小时就卖光啦。后来东北城又出了几个卖天津包子的，讲滋味油水，和葵子的包子一比，那简直差远了。过了两年此人忽然不见，听说卖包子赚了点钱，回杨村开蒸锅铺去啦。

"河间包子"，名为河间包子，其实包子是河间府人做的，摊子上挂着一方"河间包子"木牌幌子而已。他的包子摊设在东安市场南花园杂耍场子旁边，正对润明楼。笔者当年每天中午在润明楼吃饭，凭栏下顾，就看见一个胖子在一座白布篷子里一边包一边蒸，忙得井井有条。胖子胖得眉眼都挤在一堆，永远笑眯眯的，跟当今影剧双栖名艺人葛小宝仿佛像兄弟一样，两只手揉面活似两只大肉包子在那里翻动，尤其到了夏天，他穿一件夏布小坎肩，胖嘟嘟的身材，浑身哆里哆嗦，时常引得游人驻足观。他做的包子别具一格，既没卤汁更没汤水，馅子松散可是柔润，同时保证不掺味之素（当时还没有味王味宝等等名堂，只有日本味之素）。他的紧邻就是爆肚王，叫一碗水爆肚配合着河间包子吃，凡是吃过的主儿准能回味出当年那份滋味吧！

"淮城汤包"，照字面上说，既然是淮城的名点，当然是淮城做得最好。笔者在苏北的时候，往来淮城十多次，每次到淮城总要吃一两次汤包。当地大小有名饭店的汤包大概都尝过了，以我个人的品评，吃来吃去还是北平玉华台的淮城汤包独占鳌头。玉华台的白案子师傅是清末以美食著称的杨士骧家调教出来的家厨，所以玉华台的汤包半烫半发，面醒得好（面发好放一段时间再包叫醒面），吃到嘴里面不粘牙。汤包的卤水足，可是腴而不腻，据说他们另有诀窍。做卤水所用肉皮，是先把肉皮煮软，然后猪毛钳净，挂在通风的地方全都抹上老酒，让小风吹到半干，然后熬汤起卤。这样做出汤包来，就溶浆精美、腴滑不腻了。玉华台的汤包经过一般吃客交相赞誉，不久在北平出了名，后来神气到三五人去小酌，不是熟脸色，要点汤包，堂倌十之八九总会说今儿个没预备。要整桌筵席，点心里才给您配上一道淮城汤包呢。

广东人有每天清早一盅两件到茶楼酒家饮茶的习惯，在上海一般酒家，在点心方面无不争奇斗胜，花样百出，用广招徕。有一个时期时兴吃大包，于是大家都在大包上别苗头，一家比一家做得大，你家馅儿好，我比你家用料更精细考究。笔者当时年轻好弄，跟几位好啖的朋友，一家一家去尝，所得结论是："京华的包子大，新华的馅儿鲜。"京华新华两家在生意上素来是互不兼容的，既然叫大包，京华的大包做到五寸碟那么大，一些老客原来是每天一盅两件的，京华的大包既然大大放盘老尺加三，每天改为一盅一件就足够果腹的了。新华方面脑筋一动，量的方面不跟你争，在质的方面要把京华压倒，所谓新华鸡球大包，滑嫩腴润，的确不凡。大包在上海滩足足出了三四年风头，后来弄到供应不及，只限堂吃，谢绝外卖的程度。

闲来跟几位住过上海的朋友聊天，提起当年上海爱文义路美琪大戏院旁边专卖大肉包的摊子，大家都不胜向往怀念之至。他家的包子，以个头论，比天津狗不理的包子还大一号，不但面发得好，松软洁白，而且选肉认真，绝没夹筋带骨，吃到嘴里润气蒸香，异常适口。从天蒙蒙亮新屉包子出笼，做到十点左右，两千只包子就能卖完收市。摊子前既无长桌，更没条凳，吃客雁序排列，鱼贯而前，有的立而就食，有的包扎带走。当年上海名画家白龙山人王一亭、中南银行总经理胡笔江，都是那包子摊立食的客人。据说他家包子一出屉，站在旁边趁热吃特别腴美，等凉了再吃味道就差啦。

上海南市邑庙有一家卖南翔馒头的也是一绝，每逢假日早上，要去吃南翔馒头有时也得排队。他家南翔馒头比一般的个儿稍微大一点，优点是馒头皮上下四边厚薄擀得十分匀称，绝无上薄下厚的情形，而且只只完整，绝不会一夹漏汤。别家奉送配馒头喝的汤，全是酱油高汤加蛋皮，他家是鱼虾煮的白汤，浓鲜味正。有人带点回家拿来下面，真可以跟驰名苏北泰县的白汤面媲美呢。上海好吃的包子种类还很多，在此不过介绍几种比较特殊的罢了。

台湾刚一光复，笔者初来台湾，人生地

不熟，想吃两只新出屉的热包子，那真是戞戞乎其难。有一天在台北衡阳街，发现一家小饭馆叫绿园，居然有包子卖，于是叫了一客。包子形状怪异，颇像带褶的高桩馒头，面虽发得不错，可惜太甜，馅子是碎肉末，也是甜甚于咸，其味近似福州包子，而甜度尤有过之。在聊胜于无的情形之下，居然一口气吃了四只，这是来台后第一次吃的甜肉包子。

屏东夜市场，就像具体而微的万华圆环，百味杂陈，珍肴罗列，有一家温州人专卖温州馄饨跟小笼汤包。馄饨普普通通而已，小笼汤包可精彩了，面是半烫半发，肉馅的调配，纯粹江浙口味，腴而能爽，入口柔滑，每笼八只，价仅十元，堪称物美价廉。笔者来台三十年，足迹走遍全岛，可是所有吃过的小笼汤包，屏东夜市场的，要算第一家了。可惜这家老板食指浩繁，虽获小利，仍难赡家，年前改投别业，所谓屏东夜市场的小笼包，现在已成历史上的名词了。

去年十月十日在台北，有人介绍东门福利中心餐厅对门，有一家鼎泰堂吃蟹黄汤包（原来是油行，现在做起面点生意来了）。他家既卖粽子松糕，又卖油豆腐细粉馄饨汤包等等，这些面点不过尔尔，并无特色。所做蟹黄汤包每笼十只，售价五十元，虽然价不算廉，可是包子非常地道，蟹七肉三，毫不偷工减料，可惜蟹黄略少，因为所用蟹肉是石门水库豢养的河蟹，自然没法跟大陆湖蟹相比啦。不过此时此地能有这样的蟹吃，已经是难能可贵了。写到此处忽然想起一个小小问题来，我们大家都知道没馅儿的叫馒头，带馅儿的叫包子，可是偏偏北平的门丁，叫肉丁馒头，南翔馒头也是有肉馅儿的包子，一南一北都把明明是包子叫成馒头，百思而不得其解。本想送请中视公司综艺节目"头脑体操"栏目研究一个正确解答，可惜这个节目又告停播，只好暂时存疑！如有高明之士知道原委惠予指示，那就感谢万分啦。

想起有味美馄饨

　　北方人是以面为主食的，带馅儿的面食大致说来有包子、水饺、蒸饺、馄饨、馅儿饼、烧卖、合子等，经常吃的也不过是包子、饺子、馄饨三两样而已。带馅儿的面食，我是比较喜欢吃馄饨，因为馄饨带汤。馄饨皮不管是轧的也好，擀的也好，都不会太厚。至于饺子皮可就说不定了，有的人家擀的皮真比铜钱还厚，如果馅子再拌得不地道，这种饺子简直没法下咽，所以宁可吃馄饨而不吃饺子。

　　我在读书时期，学校门外有个哑巴院，虽有通路，可是七弯八拐两个人仅能擦身而过，所以大家给它取名九道湾。此处有卖烫面饺儿的，卖烧饼油条粳米粥的，卖肉片口蘑豆腐脑儿的，还有一个卖馄饨的，大家设摊列肆棚伞相接，同学们午间民生问题都可解决，就不必吃学校包饭受伙食房的气了。卖馄饨的姓崔，戴着一副宽边眼镜，说话慢吞吞的，大家公送外号"老夫子"。他的馄饨虽然是纯肉馅儿，可是肌质脍腻，筋络剔得干干净净。人家下馄饨的汤，是用猪骨头鸡架子熬的，他用排骨肉、老母鸡煨汤，所以他的馄饨特别好吃；馄饨吃腻了，让他下几个肉丸子更是滑香适口。北平下街馄饨挑子，我吃过不少，谁也没有老崔的馄饨合口味。来到台湾遇见一位在北平给CAT航空公司管伙食的赵济先生，他也认识老崔，他说老崔每天晚上都出挑子下街卖馄饨，在东北城老主顾都说老崔的馄饨算是一绝，那就无怪其然啦！

在北平大酒缸喝酒，酒足饭饱之后不是

来碗羊杂碎，就是喝碗馄饨。馄饨而曰喝，是把它当成汤啦。把着西四牌楼砖塔胡同有个大酒缸叫三义合，酒里不掺红矾更不下鸽子粪，所以西城爱靠大酒缸的酒客们，没事都喜欢到三义合叫两角酒解解闷儿。因为酒客多，门口各种小吃也就五花八门，列鼎而食，无所不有了。有份馄饨挑子，挑主大家都叫他破皮袄，日子久了，他姓甚名谁，也就没人知道了。他的馄饨倒没什么特别，汤是滚水一锅，既没猪骨头，更没鸡架子，锅边上摆满了瓶瓶罐罐的作料，他东抓一点西抓一点，馄饨端上来就是一碗清醇沉郁醒酒的好汤，您说绝不绝？江南俞五（振飞）在北平时住玛噶喇庙，三天两头没事晚上往三义合跑，您就知道三义合的魅力有多大啦。

北平八大胡同的陕西巷，有一家小吃店，名叫陶陶，白天是苏广成衣店，到了夜阑人静，收拾剪尺案板，就变成陶陶小吃，专供倌人们陪伴恩相好来消夜了。荠菜在南方属于山蔬野菜，原田间俯拾皆是，北方人根本不认荠菜，南人北来能吃到荠菜，觉得总可稍慰莼羹鲈脍之思。陶陶的荠菜馄饨，可以说是独沽一味。每天到天坛采回来的荠菜，数量不多，去太晚卖完了只好明晚请早了。在北平只江浙人家饭菜里偶然可以吃到荠菜，至于以上海小吃号召的五芳斋，也没有荠菜馄饨卖，所以在南方人眼里，这种野蔬还视同珍品呢！

后来笔者到汉口工作，每天总要忙到午夜一两点钟，于是养成吃消夜的习惯。当时我住在云樵路的辅益里，在弄堂口过街楼下，每晚有个卖馄饨面的，弄堂里的住户，都喜欢让他下一碗馄饨面送到家里去吃，所以生意虽好，可是坐在摊子上吃的人并不多。有一晚外面小雨迷蒙，工作太久了想出去吃碗馄饨舒散一下筋骨，走到馄饨摊子前，看见宣铁吾站在摊子的左边，摊子上坐着披黑斗篷的人，正在吃馄饨，细一看才知道是我们

"最高领袖"蒋公在吃馄饨呢！吃完之后，频频夸赞连说味道不错。后来夏灵炳、何雪竹、杨揆一、朱传经、贾士毅、沈肇年，还有当时市长吴国桢，纷纷来尝，也都成了这个馄饨摊上的常客了。摊主对来吃馄饨的客人，一视同仁，绝无厚此薄彼的分野。王雪艇先生说："辅益里的馄饨固然在武汉首屈一指，而卖馄饨的夷简浑穆，更是难能可贵。"抗战胜利复员，故友李藻孙由水路出川，道经武汉，还特地到辅益里吃过一次馄饨，老头健朗如昔，只是鬓边多添几许白发而已。

抗战初期，我在上海南洋路南洋新务村住了一个短时期，隔邻就是伪税务署长邵式军，据说他是美术家（诗人）邵洵美的胞弟，又是日本天皇裕仁的干儿子。他的公馆里每晚车马盈门，履舄交错，镜槛回花，银灯涡月。到了夜阑人散，总有一位卖馄饨的，把挑子放在路边敲梆叫卖。他的馄饨汤清醇不油，卖馄饨的自己夸称，他的汤是用两鸡一鸭吊出来的上汤，馄饨皮是用鸡蛋白揉的面，所以爽而且脆，馅子是虾仁鲜肉也是脆绷绷的。这种纯粹广式馄饨，的确清淡爽口。邵家每晚总要叫个十碗八碗去消夜，卖馄饨的虽然卖的是广式馄饨，可是他根本不会说广东话，包馄饨下馄饨手脚都不算麻利，更不爱说话，可是气度轩昂，不像市井小民，后来才知道他是地下工作人员吴绍澍。等到抗战胜利，他露出身份来。天天给他包馄饨的助手"阿根林"，等吴做了上海副市长后，受吴资助在卡德路开了一间小吃店卖广东粥、芝麻糊、鸡汤馄饨，以酬有功。凡是知道抗战期间这段往事的，都要光顾这家小店，瞧瞧这位无名英雄是什么长相呢！

四川同胞管馄饨叫抄手，提起小梁子会仙桥华光楼的大抄手，凡是吃过的人，无不津津乐道。华光楼听起来气派不小，其实不过是双连铺面十多张桌子的一个面馆而已。他家抄手所以出名，是因为面和得软硬适度，馄饨皮都是现擀现包，一边擀，一边用擀面杖敲案板，一方面提神，二方面招揽顾客。久而久之就敲出各式各样花点来，那比京剧《青石山》王半仙捉妖，打得铿铿通要耐听多啦。他家皮子好，馅儿就更讲究，肥瘦肉三七比例，口蘑、金钩都选上品剁成细泥，然后加作料拌匀，吃到嘴里饱泡糜浆，异常腴美，平日只知小笼包饺带汤，抄手带汤的华光楼恐怕要算独一份儿了。因为他家馄饨个儿特别大，一碗八只，普通饭量已经够饱。重庆人喜欢说占人便宜的俏皮话："会仙桥的大抄手——你吃不过八。""八""爸"同音，无形中就占了便宜了。

无锡城里大吊桥街，有一家专卖鸡汤馄饨的名叫"过福来"，馄饨小巧玲珑，跟重庆会仙桥的大抄手，一大一小成强烈对比。鸡汤里放上蒜瓣儿芹菜丝儿，味道特别甘鲜腴润。无锡人平素不近葱蒜，唯独鸡汤馄饨用大蒜吊汤，实在令人说不出所以然来。吴稚老虽说是常州人，其实他是在无锡生长的，他老人家每次回乡总要到过福来吃一顿鸡汤馄饨。他说吃遍了大江南北，过福来的馄饨要算第一。名人一语之褒，过福来的生意就蒙其实惠了，好啖朋友经过无锡，到过福来吃鸡汤馄饨，跟到苏州吃石家鲃肺汤都变成不可少的观光项目了。

台湾光复初期，甭说吃馄饨，想吃福州式又甜又咸的包子，还戛戛乎其难呢。一九五八年，我在屏东夜市场发现一家小吃店专卖小笼汤包、温州大馄饨。说句良心话，他家汤包比当时台北三六九要高明多了，第一是面不粘牙，第二是汤多味永。温州馄饨包得双叠挽边，一看就知道店主夫妻二人，一定有一位是温州人。馄饨的菜肉比例也恰到好处。老板原来学的手艺是做皮箱，外婆家是温州锦记馄饨大王，小时候在外婆家帮过两年忙，卖温州大馄饨，所以他虽然是真茹人，可是温州馄饨做得非常地道。可惜后来生意做开了，女儿都去读书，找不到得力帮手，只好又回老本行做箱子去了。屏东北平路有一处家庭馄饨店，先生掌勺太太包馄饨。他家馄饨最大优点是肉剔得干净，绝无筋络脆骨，味道跟北平馄饨挑子卖的极为相似。因为物美价廉，华灯初上，座位都是坐得满满的。台北卖馄饨的到处都是，可是想找一两家够水准的，还没有发现呢！现在大小饭馆在报纸上所登广告，说的都是天花乱坠，结果一尝大都似是而非。这班小朋友趾高气扬，又多耻于下问，菜犹如此，遑论面点一类小吃啦！

蛋 话

　　笔者全家老幼对于蛋类都兴趣极浓，有所偏嗜，所以每天鸡蛋的消耗量也比较多。当年在北平只要卖鸡蛋的在门口一吆喝"大油鸡子儿"，十回九不空，总得照顾照顾买上十枚二十枚鸡蛋。自从来到台湾，亡友顾元亮兄说："年过花甲的人，吃鸡蛋每天最好以一枚为限，蛋黄最易增厚胆固醇，尤应禁食。"听了他的忠告，再看看各种医学的书刊，也是谆谆劝导步入中年的人，总以尽量少吃蛋黄为是，所以，虽然没有像元亮兄那样避之若魅，可是蛋的消耗量确也不像从前那样畅旺了。

台湾自提倡以化学混合饲料喂养"来亨""芦花""洛岛红"等各式各样舶来鸡种后，生蛋率固然是大大提高，可是鸡蛋壳变得其薄如纸，一碰就裂，只有"洛岛红"所生的鸡蛋映红柔润，近似大陆的油鸡子儿，蛋壳也比较坚实。养鸡专家一再声明，鸡蛋不论红壳、白壳，营养价值完全相同，市上红壳蛋每台斤价格要比白壳贵上两块钱，可是买红壳蛋者还是大有人在，究竟是什么道理，咱也"莫宰羊"了。不过在心理上总觉得蛋壳既然易裂，蛋的营养成分必定是红胜于白的。

　　卵生动物所下的蛋，大小之别真是判若霄壤，经常见过的壁虎蛋、蛇蛋、麻雀蛋、鹌鹑蛋都比鸡鸭蛋为小。至于大一点儿的呢，笔者所见过的鳄鱼蛋比鸭蛋要大一倍，至于鸵鸟蛋，算是蛋类之王了，也是笔者所见最大的了，其大小比初生的婴儿头颅还要大上一两号。舍下有一枚鸵鸟蛋，放在多宝格里用紫檀雕花架子架起来，蛋壳晶莹似玉，白里透红，毛孔斑斑，厚有二分，敲起来声如玉振，大概为了便于陈列，尾部凿一小孔，早把黄白倒出。最先还不知是什么动物所生，如此之大，后来在台北动物园，看到鸵鸟所生的蛋，才知道当年舍下所藏巨型的蛋，敢情就是鸵鸟生的。

因为爱吃蛋的关系，所以对鸡蛋炒饭也有偏嗜。在台湾，笔者到嘉义服公，因为人地生疏，曾有连吃七十二顿鸡蛋炒饭的记录。朋友说餐餐蛋炒饭，恐怕肠胃受不了，可是我饮馔怡然，丝毫没受影响。广东最讲究吃炒饭，不光要加虾仁、冬菇、干贝、云腿、腊肠、叉烧，甚至还都是有说词的。

梁均默（寒操）先生生前认为，吃蛋炒饭最好是用广东增城县出产的"红丝苗"稻米，香软柔润，松散而不黏滞，煮粥炒饭都属上选。笔者曾听舍亲王慕蘧讲过用增城红丝苗煮饭，他不用配菜，就可以连吃两碗白饭，他的尊翁萼楼先生做过增城县县知事，他当然是吃过稻米中最名贵的红丝苗的了。吃鸡蛋炒饭虽然红丝苗可遇而不可求的，可是米最好要用"小站稻""西贡""暹罗"、台湾"在来"一类的米煮饭才对，至于黏性较重的上海大米、此地的蓬莱米，用来炒饭一团一球，既难炒透，更难入味，那还不如吃碗白饭来得爽口。

米的本质固然重要，而蒸煮技术更不可忽视，南方煮饭是米洗好加适量水来煮熟，所以又叫作焖饭。北方煮饭先将米下锅煮软到八分熟，立刻捞出用屉布包起上笼屉来蒸，所以又叫"捞饭"（蒸饭）。鸡蛋炒饭最要紧是米粒松散，捞饭炒出来比焖饭自然入味好吃。故友陈延年有一套鸡蛋炒饭的哲学，用冷饭炒出来的饭滋味与用热饭炒的就完全两样。冷饭成团打散要用锅铲来按，忌用锅铲来切，葱花要煸得透，鸡蛋跟饭先要分开来炒，然后再混合炒，否则蛋饭冷热有差，能够减低香味。鸡蛋炒饭最讲究火候，炒得不透不入味，火候一老米粒转硬发焦，不但费牙口，而且不容易消化。

从前广州惠爱街有一家小饭馆叫"玉醪春"，这家的炒饭名叫"上汤炒饭"，在广州市首屈一指，做法是一边炒饭一边往饭里洒鸡汤，让鸡汤鲜味沁入米内，同时也免得饭粒焦硬。可是别家模仿来做，就没有他家来得干湿适度、松软得当了。还有一种鸡蛋炒饭叫"金裹银"，金缕黄裳，色胜于香，如果加点火腿屑方能蛋香味透，单单金裹银登盘荐餐，反而不如一般鸡蛋炒饭来得适口充肠呢！陈延年兄有一套精研鸡蛋炒饭、经验理论相辅相成的炒法，可惜英年早逝，他那套鸡蛋炒饭的心法，也就湮没不传了。

纯粹以蛋为主体的菜，除了北方馆的熘黄菜、四川馆的烘蛋外，最令人难忘的是河南馆的铁锅蛋。北平厚德福，跟廊房头条第一楼的玉楼春，是北平两家著名的河南馆子。

糖醋瓦块鱼，两家做的都好，铁锅蛋则玉楼春做不过厚德福，铁锅墨黑油亮吱吱地响，一掀锅盖儿，炙香四溢，蛋更蓬勃怒发，非但膏润鲜芳，而且久不散热。

现在台北山南海北，各省口味的饭馆靡不悉备，可是河南口味的饭馆尚付阙如。前几天曾经请教过梁实秋教授，据说当年厚德福灶上的原班人马，一九五〇年来过台湾，打算复业，可是时间不凑巧，正赶上大众厉行节约，饮食业萧条异常，所以饭馆没能开成。我们朵颐福薄，令人不胜惋惜，否则在台北多了一个河南口味的饭馆，那有多好。

腌咸鸭蛋。大家都知道江苏高邮咸蛋最出名，因为高邮有一种鸭子擅生双黄蛋，会腌咸蛋的高手腌出来的咸蛋蛋黄柔红晕艳、脂映金髓，用筷子一戳，黄油能摽出多远。所以到高邮的行旅，离开时总要买几只尝尝，或者买点带回家去，馈赠亲友，是物美价廉、人人欢迎的高邮土产。

胜利还都，舍下在苏北经营的盐栈，抗战期间都被窃据，治事之所也被改为宿舍，所幸大小仓库，除了少数堆存杂物外，大都闲置，不知费了多少唇舌，才获陆续收回。盐仓虽然八年未用，可是础基石溽，积存的盐卤厚达尺余，自需抬开石方把盐卤清扫，以利行卤。栈里有位旧同事，高邮人周棠文，知道要清理卤沟，特地从高邮买了五百枚双黄蛋来相贺，并且雇工挑来腌咸菜老汤（他家是开酱园的）。先把盐卤用咸菜汤稀释，跟泥土搅成浓浆，然后把鸭蛋用浓浆糊匀，放入绍兴酒坛子里，搁在不见阳光的盐仓里。冬季大约六十天，夏季五十天，就可以洗清煮熟供餐了，除了黄沙膘足，夏天用来吃荷叶稀饭，玉液金浆，清馨浥润，可算一绝。

　　腌咸蛋从南到北都是以鸭蛋为主的，据说是太平天国东王杨秀清不吃鸭蛋，才改用鸡蛋的，咸鸡蛋易沙多油，蛋白又细嫩适口，大受老饕们欢迎。后来有人研究出老腌臭鸡蛋，蛋黄青里泛黑，别有异味，更为逐臭者所欢迎，其先在平津一带畅销，流风所及，沪宁皖浙各省市，嗜者都大有其人。可是旅台近三十年，大陆各种小吃靡不悉备，唯独老腌臭鸡蛋还没有人仿制呢！

前些时跟一些好啖的朋友闲聊，一般家庭主妇到菜场买鸡蛋都喜欢挑大一点的。鸡蛋论斤不论个儿，大点或小点原无所谓，可是先生们大都喜欢拣小点的吃。以我个人感觉，似乎小的黄比较小白比较多，蛋白也嫩一点。证之北平卖熏鱼、炸面筋、下街的红柜子来说，他们卖的熏鸡子夹发面小火烧，就特别受主顾们的欢迎，此无他，无非鸡子火烧都小得可爱，吃到嘴里觉得有一种说不出的特别熏香而已。

最近烟酒公卖局第一酒厂有一位技工胡季达，公余之暇利用绍兴酒粕试制糟蛋成功，现在正跟新竹食品工业研究所合作，想把糟蛋冷冻制罐外销。该所现在是由前"农复会"

马保之博士主持，马氏博解宏拔、干练敏实，一向不做没有把握的事，将来研究成功，必定能够展拓外销、大放异彩的。在大陆，浙江平湖的糟蛋是最出名的，就因为平湖养鸭人家多，同时靠近出花雕酒的县份，取糟用曲非常方便，所以能够大量制造。平湖糟蛋分干湿两种，以口味来说，自然湿胜于干。抗战之前，笔者在老君庙矿区吃过糟烩白肉，所用的糟，就是取之于平湖糟蛋，糟蛋能够远销到西北，这是想不到的事吧！

皮蛋，北方叫"松花"，古老的皮蛋制造方法是用黏性泥土加稻壳，掺入碱石灰、盐稀释成糊状，把蛋包起来，经过三个月才算大功告成。这时皮蛋剥除外壳，蛋白上隐约呈现松云万状叶茂枝繁，所以称之为松花。来到台湾所吃皮蛋，不但松花迹冥，入口之后还有一股石灰臭。后来卫生局宣布，这种加添氧化铅制剂的皮蛋含铅量太多，有损身体健康，严禁制造。可是利之所在，有人铤而走险，警方缉获的这类铅制皮蛋，堆积如山，定期在淡水河边焚毁。

笔者碰巧经该处，触目惊心，从此看见所谓化学皮蛋再也不敢下箸了。最近皮蛋制造业研究出一种安全皮蛋，并经卫生局化验合格，我对皮蛋方解除戒心，才又开禁。一般吃法，皮蛋除了跟南豆腐加三合油、雪里蕻、虾米拌着吃外，热炒只有北方馆的醋熘皮蛋，还有就是本省馆子做的三色蛋（皮蛋、咸蛋、鲜蛋搅匀同蒸）了。笔者当年在大陆研究出皮蛋的一种吃法，是把瘦肉、皮蛋一律切丁，先炒肉丁再下皮蛋，这个菜荤而不腻、宜饭宜粥，好像台湾各位烹调专家还没有人提倡过。现在安全皮蛋已经试制成功，家庭主妇不妨试做一次既经济又实惠的皮蛋炒肉丁，给大人孩子们换换口味。

鸡蛋炒饭

　　前不久"万象"版男士谈家政，有人说到鸡蛋炒饭。中国人从古而今，由南到北鸡蛋炒饭好像是家常便饭，人人会炒，其实细一研究，个中也颇有讲究呢！

　　就拿炒饭用的饭来说，大家平素吃饭，有人爱吃蓬莱米，说它软而糯，轻柔适口，有人专嗜在来米，说它爽而松，清不腻人，各随所嗜，互不相犯。可是到了吃鸡蛋炒饭，问题就来了。

　　谁都知道鸡蛋炒饭必定要热锅冷饭，炒出饭来才好吃，可是蓬莱米煮的饭，不论是电锅煮，还是捞好饭用大锅蒸，凉了之后总是黏成一团，极难打散。请想，成团成块的饭，炒出来能好吃吗？炒饭用的饭，一定要弄散再炒，有些性急的人，打不散在锅里用铲子切，这一切，把米都切碎了。所以饭如果黏成一团一块时，等饭一见热，再用铲子慢慢捺两下，自然就松散开了。

炒饭不需要大油，可是饭要炒得透，要把饭粒炒得乒乓的响，才算大功告成。炒饭的葱花一定要爆焦，鸡蛋要先另外炒好，然后混在一起炒。此外有人喜欢把鸡蛋黄白打匀，往热饭上一浇再炒，名称倒挺好听，叫作"金包银"。先不论好吃与否，请想，油炒饭已经不好消化，饭粒再裹上一层鸡蛋，胃纳弱的人当然就更不容易消化啦。

笔者一向对鸡蛋炒饭有特别爱好，所以每到一处，总要试一试厨子炒出来的蛋炒饭是什么滋味。早年家里雇用厨师，试工的时候，试厨子手艺，首先准是让他煨个鸡汤，火一大，汤就浑浊，腴而不爽，这表示厨子文火菜差劲。再来个青椒炒肉丝，肉丝要能炒得嫩而入味，青椒要脆不泛生，这位大师傅武火菜就算及格啦。最后再来碗鸡蛋炒饭，大手笔的厨师，要先瞧瞧冷饭身骨如何，然后再炒，炒好了要润而不腻，透不浮油，鸡蛋老嫩适中，葱花也得煸去生葱气味，才算全部通过。虽然是一汤一菜一炒饭之微，可真能把三脚猫的厨师傅闹个手忙脚乱，"称练"短啦（"称练"两字北平话"考核"的意思）。

笔者年轻的时候，有一次到北平船板胡同汇文中学看运动会，在田径场的西南犄角有个小食堂，据说那里的大师傅虾片炒饭是一绝。试吃结果，红炖炖的对虾片，绿油油的豆米，衬上鹅黄松软的一碗热腾腾的蛋炒饭，吃到嘴里，柔滑香醇，可称名下无虚。也许年轻时，口味品级不高，认为这碗饭是所吃炒饭中的极品了。后来浪迹四方，对于这碗金羹玉饭，仍旧时常会萦回脑际。渡海来台，一直在台北工作，后来奉调嘉义，于是三餐大成问题。幸亏有一随从，是军中退役伙食兵，只会鸡蛋炒饭、豆腐汤，经过一番调教，炒饭渐得窍门，从此立下了连吃七十几顿蛋炒饭的纪录。亡友徐厂长松青兄，是每天早餐鸡蛋炒饭一盘，十余年如一日，友朋中叫他"炒饭大王"，叫我"炒饭专家"，以我二人辉煌纪录，确也当之无愧。

今年春天在台北住了好几个月，每天要到汀州街一带办事，午饭就只有在附近小饭馆解决，于是又恢复吃炒饭生涯。有些家饭烂如糜，也有黏成粢饭的。最妙有一家小饭馆，布置装潢都还雅静，可是叫的蛋炒饭端上来，令人大吃一惊。碗面铺满一层深绿色葱花，葱花之下是一层切得整整齐齐平行四边形的鸡蛋，顶底下是油汪汪的一盅炒饭。堂倌说得一口广东官话，他说这种炒饭叫"金玉满堂"，"金"大概是指炒鸡蛋，"玉"甭解释是生葱花啦。名实虽然相符，一股生葱大油味，直扑鼻端，就连平素爱吃鸡蛋炒饭的我，也只有望碗兴叹没法下箸了。鸡蛋炒饭，虽然是极平常的吃法，可是偏偏有若干千奇百怪的花样，仔细想想，茫茫大千，凡百事物，莫不皆然，岂止鸡蛋炒饭一项呢！

鸡蛋糕越来越美

　　我们上街走过大街小巷，只要有茶食点心铺，就可以买得到鸡蛋糕。虽然都是鸡蛋糕，可是精细粗糙口味却大大的不同，不过鸡蛋糕是老少咸宜的大众化甜点，则是古今中外一致公认的。

　　北平有一种专卖旧式点心的像兰英斋、毓华斋这样的铺面，据说是久历沧桑，由元而明清，几代相沿、惨淡经营遗留下来的，足证早在元朝就有鸡蛋糕了。不过当时不叫鸡蛋糕而叫"槽子糕"，因为最初是打匀了的鸡蛋，倒在长方形木槽里蒸，等到蒸熟再切条分块。最早本是皇家郊天祈福祭祀用品，到了后来做成桃形、万胜形、银锭形，放上青丝红丝染色百果，就变成问名纳彩的聘礼了。

南方的茶食店如稻香村、桂香村等，北来平津开店，也都做鸡蛋糕，形状多半是五瓣梅花形，正中印上红色双喜盘花，或是福寿高升的印戳。这种蛋糕蒸得松软，表里一致，都是淡黄颜色，跟喇嘛僧穿的袍褂颜色一样，所以北平人士又叫它"喇嘛糕"，跟北平点心铺的槽子糕颜色外棕内黄就大不相同了。给人送礼，喇嘛糕的包装很特别，一般茶食店是用篾片编成透空底面两片，垫上油纸，加上市招，轻巧别致。喇嘛糕油轻质松，容易消化，如果是探病送人，是颇受病家欢迎的！

自从欧风东渐，欧美的面包房西点铺也像雨后春笋，越开越多，像天津的百乐门、曼陀林、鼎顺和、巧佳、巴黎几家。有的是纯粹洋人独资经营，有的是华洋合作，点心虽然各有一两样拿手，所做蛋糕却都够得上水准。北平虽然也开了不少家面包房西点铺，例如西吉庆、滨来香、荣华斋、二妙堂、小食堂、亚北、明星等，但这些面包房西点铺的做手，所学手艺，似乎有欠精纯到家。

从前北平艺专的校长林风眠，在某次茶会上致词说："咱们同学的西洋画，多少总带点中国画的风格，就拿现在咱们吃的洋点心来打比，虽然也式样美观，适口充肠，可是细一品味，跟真正外国点心总有点差别。"林校长这句话，我始终牢记在心。

后来法国医院特地从巴黎聘一位名庖，供应医院病人伙食。因为所做各式餐点巴黎风味十足，颇受都中士女欢迎，于是又在崇文门大街开了一家法国面包店，不但面包花样繁多，就是点心、糖果、饼干，也都别出心裁、珍错悉备。尤其鲜奶油蛋糕，有的掺红酒，有的加白兰地，要加水果，则加水蜜桃、鲜草莓，悉听尊便。

抗战军兴，国民党军队转战西南，除了德、意外侨，其余各国侨民，一律关入集中营。听说当时日酋华北驻屯军，有位叫松崎的大佐是留法学生，对花都烹调技术始终不能忘怀。现在遇到法国菜割烹能手，居然皇恩特赦，免去集中营的劳役，一下子这位法国大师傅就变成御用厨师啦。抗战胜利之后，听说那位大师傅很赚了点日本人的钱，同时更以胜利者的姿态回到法国，颐养天年去了。

民国三十四年胜利之初，笔者刚到台湾，西点铺制售的西点，不是太甜，就是太黏。送人生日蛋糕，有的厚厚一层咖啡糖壳，要不就是裹着花纹重叠、五色斑斓、甜得刺喉的糖衣。说到蛋糕本身，一律是用鸭蛋做原料，制成蛋糕又干又硬，咬一口能掉下一堆蛋糕屑来。吃这种蛋糕，最好先准备一杯果汁或茶水、咖啡，边吃边喝，否则不是噎得难受，就是干得咽不下去。

朱佛定氏生前做省府民政厅厅长时，初

到台湾，不明就里，有一次参加茶会，把盘子里的蛋糕咬一口咽下去，呛得咳嗽不已。从此他参加这一类茶点聚会，只敢拿点小茶饼一类点心来充饥。没过两年，武昌街开了一家明星西点店，是由一个白俄老妇人主持，那可比一般日本式西点要高明多了。跟着西门一带开了几家西点糖果店带售西餐的店铺，那跟北平的小食堂、亚北做法，在伯仲之间，吃蛋糕可以不致噎人了。后来信义路东门附近开了一家国际西点店，蛋糕制作又迈进了一步，和兴、顺成、普一、红叶、金叶继之而起，一般吃客也都厌弃一吃一掉面儿的日式蛋糕。西点店在制作方面也力争上游，力求精进，所制蛋糕跟十年二十年前的鸡蛋糕相比，简直不可同日而语了。

笔者对于奶油蛋糕，从小就有偏嗜，只要听说哪家有好的奶油或鲜奶油蛋糕（早年，平津沪汉，除了上海礼查大华饭店碰巧偶或有鲜奶油蛋糕外，其他各地只有奶油蛋糕而已），必定要尝试一番。前五六年在木栅沟子口发现一间西点店，所做生日蛋糕，哜啜其味，松美细润，香料糖分都恰到好处，指明加什么水果哪种酒类，也能照客人的意思，如法炮制。所以他家蛋糕卉醴湛溢，蜜渍精细，比起香港几家著名大饭店酒店做的蛋糕，也毫不逊色。

近三五年来，各大都市忽然出现若干日本长崎蛋糕店，在布置方面虽然都是丹楹琼构，奂奂莹窗，包装方面更是采牒绮纨，锦彩粲目，但谈到蛋糕的滋味，可能跟台省的海绵蛋糕不相上下。偏偏有少数人视同玉食珍味，那也只好说口之于味，各有所嗜罢了。我们中国有一句老话是："没有鸡蛋做不了槽子糕。"抗战刚一胜利，笔者由资源委员会派赴东北热河北票煤矿工作，矿里从同人眷属的安全起见，把矿内同人的老弱妇孺附在运煤火车后面，挂了四节眷属专车，把大家先送往锦州安置。专车到了义县，因为军车壅塞，等了七小时，车站里不能掣发路签，本来专车当天可以到达锦州的，这一耽误不要紧，只好在锦州过夜了。所带吃食不多，大人还可以忍饥耐饿，襁褓小儿可就麻烦啦。

笔者正在站台上踱来踱去无计可施，忽然有一位须发皓然、步履趑趄的老头儿，走到我跟前叫了一声"老长官"，报名陈盟生，前两月在矿场退休，请领退休金，是我帮的忙，当天就全数领到手，所以一直把我的面貌记得很清楚。他知道火车一时半刻还不能开，所以买了一包蛋糕让我先垫垫饥，挡挡寒。我一听是鸡蛋糕，立刻喜出望外，这等于雪中送炭，令人感激万分，同时掏出一沓子东北流通券来，请他再帮个忙，尽钱的数量能买多少就买多少这样的蛋糕来。结果去了半天，他跑遍了义县车站附近的糕点铺，才买回十七盒来。赶紧分给有吃奶孩子的同事的女眷，用开水冲蛋糕给小孩吃。我也拿了一块尝尝，名为蛋糕，可是我从未吃过这种甜虽甜，却粗而发得不透的"蛋糕"。过后才知道，战后物资缺乏，在东北小县份里，鸡蛋白糖都成异品珍味，这种蛋糕甜的是蜂蜜，主要材料是加工棒子面儿，再掺上一点白面，发好蒸出来，就算是槽子糕了。

　　通过这桩事，可以证明"没有鸡蛋做不了槽子糕"这句话，在我心里也不能成立；同时体会到有一种自命不凡的人，总认为某一件事，非他不可，故意拿乔。由义县没有鸡蛋照样做出槽子糕的事例来看，天下无难事，只怕有心人，足可作为处世做人的殷鉴。因为谈鸡蛋糕兴起了这段往事，附带写出来。

蟹　话

一般老饕，除了胃寒不动海鲜以外，大概没有不爱吃螃蟹的了。平津一带吃螃蟹讲究七尖八团，江南说是九月尖脐十月团。总而言之在大陆，每当东篱菊绽、金风荐爽的时候，也正是吃螃蟹的季节。

北平吃螃蟹，讲究到前门外肉市正阳楼去吃。因为这家的螃蟹，全是从河北省靠近天津一个水村胜芳运来的，每天中午螃蟹一卸下火车，运进前门外大菜市，正阳楼必定一马当先，尽量地挑、尽量地选。挑够了，才归分行正式开秤。

根据父老们的传说，清朝乾隆皇帝有次

微行，走进正阳楼吃螃蟹。吃了两只意犹未足，打算再来两只。不料，堂倌回说，市上到货不多，已经卖光了。乾隆皇帝记在心里，打道回宫后，就让内务府通知该处，只要螃蟹一上市，先由正阳楼尽量挑选，然后再行开秤。这个传说是真是假姑且不谈，不过"七七事变"前夕，前门大菜市螃蟹一卸车，始终由正阳楼优先挑选，那是丝毫不假。据我猜想，不管皇帝老倌有没有那道上谕，人家正阳楼是长久大主顾，不计价钱高低，买的又多，才是维持老例若干年的真正原因。

东北的大螃蟹腿和松花江的白鱼，都是关东赫赫有名的海产。大螃蟹的腿特别粗壮，跟螯甲不成正比，黄少膏稀，独肥蟹腿。一只蟹腿最大的，甚至长达四五尺，可以剔出蟹肉三四斤之多，虽然肉多且厚，可是细嫩鲜腴，不输湖蟹。因为没有蟹膏，东北一带会吃的朋友，总是买几斤蛎黄和蟹肉熬油，可保经久不坏。用少许煮面，爽而不濡，厚而不腻，诚属隆冬无上御寒隽品。

当年关外王张雨亭每次到北平，必定先到北兵马司用沐恩的红单帖，给他的老师无补老人赵尔巽请安，拜谒时，不忘带上松花江白鱼、哈尔滨大螃蟹孝敬恩师。笔者曾享余馂，现在偶然想起来，仍觉其味醰醰呢。

如果您爱吃螃蟹，又住在上海、昆山、常熟、无锡、苏州一带，那么无穷的口福，岂又笔墨所能形容！

上海人所谓大闸蟹，就是阳澄湖的名产。阳澄湖在苏州东北，是长江三角洲太湖泊里最大的一个淡水湖。湖的面积有一百二十里方圆，湖水却只有两丈多深。最妙的是水底平坦，水面如镜，不但清澈见底，简直和天下第一泉北平玉泉山，同样的明净拔俗。湖里虽然也产鲢鳜鲫鲤一些鱼类，怎奈光影尽被阳澄湖的大闸蟹掩住啦。

有一年笔者偕舍亲李芋龛昆仲同游阳澄湖。湖面上烟波浩瀚，碧空尘洗。港汊曲折萦回，网罟处处。网上来的铁甲将军，个个活跃坚实，令人馋涎欲滴。在湖艇上吃螃蟹饶富情趣，气氛之好，味道之鲜，岸上馆子望尘莫及。可惜李氏弟兄自幼茹素，荤腥不沾，我虽然食指大动，也不便一个人独啖，只好虽入宝山，空手赋归。

第二年初冬随侍先外祖慈到昆山礼佛，碰上昆山县长，是多年世谊，送来四篓阳澄湖大闸蟹，只只精壮肥硕，不但壳肉细嫩，就是腿肉都是鲜中带点甜丝丝的鲜味，至于膏黄的腴润醇厚更不在话下。笔者于是大饱馋吻，旁边还有人代为剔剥，最后还拿大甲余汤来醒酒，总算痛痛快快吃了一顿心满意足的阳澄大蟹。

书法家清道人李瑞清自称一顿能吃螃蟹一百只，所以自号"李百蟹"。我对他的蟹量始终怀疑。江苏柳诒徵贡禾叔侄和清道人诗酒往还，文字交深，据贡禾兄说，清道人蟹量之大确实惊人，所谓百只连螯带腿都是一并下肚。如果所言当真，清道人吃蟹之技，着实"超绝群伦"！

当年国学大师章太炎夫人汤国梨诗里曾说，"若非阳澄湖蟹好，人生何必住苏州"，足证阳澄湖的大蟹多么让人留恋。

苏北里下河一带，素以河蟹闻名，泰县近郊，有个地方叫忠宝庄，溪流纷歧，景物腴奇，所产大蟹，肥腴鲜嫩不亚于阳澄湖的名产。当地渔民把大蟹一雄一雌，用草绳扎紧，除去绳索上称一称，正正老秤十六两叫作对蟹，这种对蟹尤为名贵。当地有家酱园叫德馨庄，用当地泡子酒做醉蟹，一坛两只膏足黄满，浓淡适度，绝不沙黄，下酒固好，啜粥更妙。

当年黄伯韬将军驻节维扬，只要到兴化泰县东一带巡视防务，必定下榻泰县名刹光孝寺。那时，笔者在泰县下坝经营一所盐栈，只要碰上吃熬鱼贴饽饽，这位天津老乡，必定赶来饱餐一顿津沽风味。看见栈里有忠保庄的醉蟹，还要带两坛子回去下酒。有一次德馨庄的陈老板到泰县收账，正好黄伯韬在盐栈吃贴饽饽，他想求黄将军赐幅墨宝。黄将军醉饱之余，逸兴大发，盐栈有纸有笔，黄将军立刻提笔写了"东篱菊绽，海陵（泰县原名海陵）蟹肥，洋河高粱，你醉我醉！"一张条幅。现在想起黄伯韬吃蟹挥毫的爽朗豪情，真不愧英雄本色。

据说，陕西有一个僻远的县份，由于交通不便，水利不兴，所以一般人都没见过螃蟹；因此有一看香头的（女巫），利用乡愚无知，把螃蟹晒干的恐怖形状拿来唬人，说是可以驱邪辟疟。有的人家得了疟疾，搬请巫婆作法，她就把干蟹壳挂在卧室门上，诡称除魔治病。后来有位苏州籍的知县，看穿女巫的狡诈伎俩。于是不声不响派人进京，买了几篓螃蟹带回县城，邀请乡绅们大开眼界，饱啖一番。虽然不加说破，可是真相已经大白。从此，女巫冒用干螃蟹骗人的事儿绝迹了，"凡人吃妖肉"的故事，交相渲染流传。

在前清时候，到四川云贵各省服官的督抚，每逢螃蟹上市，朝廷眷念边远外官的勋绩，每每赏赐螃蟹。一个黄瓷坛子装上一雄一雌两只，多者四坛，少者两坛。由北通州循着运河南驶，到了清江浦再换江船溯江而上。当年先曾祖在四川总督任上，就曾迭膺上赏，等螃蟹从北京运到四川总督衙门，坛子里虽然塞满了高粱谷糠，可是运到地头，打开坛盖来看，不但无一生存，而且臭不可闻。覃恩上赏之物，尽管腐臭，还不能随便抛弃，当时督府后园有一蟹冢，每次恩赏，只有瘗之后园。当年文廷式有一篇《瘗蟹铭》，就是指四川总督衙门蟹冢而言。

民国十九年夏天，笔者从天津的紫竹林去上海，坐的是怡和公司的海轮。船走了一天一夜，风平浪静，到第二天晚，忽然豪雨夹风，大家都认为那是船经过黑水洋应有的现象，孰知风浪越来越大，有如排山倒海，

541

大家才知不妙。只有屏息偃卧，静以待命。这条船足足在海上跟狂风怒涛搏斗了三天两夜。还算万幸，机械引擎只有一部损毁，还能缓缓行驶，漂流到属于琉球的一个小岛下锭。

船方一面修换机件，补充食粮饮水，客人大都分别上岸找点吃食填肚子。和笔者同舱的有位管君，出身日本帝国大学，我们相携上岸，当地人都说日语，因为他有语言的方便，拐弯抹角居然让我们找到一个叫"白水屋"的小饭馆。最令人高兴的是法币可以通用，不怕吃完付不了账。大难之后，两人放心大吃大喝。

岛上渔民有一种自酿的土酒，和福建的四半酒相似；端上一盘炸得黄亮、焦香、酥脆、像扁的豆子一样的下酒菜来，一会儿工夫，满盘精光。嘴巴嚼个不停，脑里却不知究竟吃的是动物，或是植物？后来细问端菜的女侍，才知道是岛上特产，名字叫蟛蜞，也是一种小蟹；每只只有拇指大小螯腿，因为特别纤细，出水即脱。这种小蟹有一特点，就是所有蟹类都是寒性，只有蟛蜞属于暖性而且温补祛湿。所以岛上渔民捕鱼回航，都是炸点蟛蜞来下酒驱寒。依我个人来说，这种炸蟛蜞的确香腴鲜美，骨软而酥，用来下酒比烤乌鱼仔、炸龙虾片都来得够味。可惜就只吃过这么一次，今生恐怕无缘再尝啦。

今年入夏，笔者虽曾经旅游东南亚，敢情泰国的螃蟹是四季不缺的，不像大陆每年只有秋天吃螃蟹，台湾春天才是螃蟹盛产期。曼谷各地大小饭店都有，地地道道的中国饭馆有大上海、福禄寿、香格里等四五家，每家都有砂锅焗大甲这道菜。所谓焗其实就是干烧的意思，是广东餐馆专用的名词。一客砂锅焗大甲，大约是六十铢（合合台币一百二十元），一锅有十几二十只大甲，只只甲坚螯巨，蟹肉充盈，食蟹有癖的人，吃起来过瘾之极。因为泰国既无镇江米醋，更无浙醋，只有化学白醋；吃蟹糊、酱青蟹、清蒸大蟹，少了生姜高醋，未免滋味稍逊。只有焗大甲是咸中带鲜，用不着米醋来提味的，所以焗大甲在曼谷是一道酒饭两宜的好菜。

曼谷街头小吃食摊，有一种类似中国的薄饼卖，饼里卷和菜青韭，外带撒上一些螃蟹肉，卷起来吃，别有风味。也证明了蟹肉在曼谷，是属于平民食物的范畴，不像香港、台湾把蟹肉视同无上珍馐。

此外，浙江海盐有一种白甲蟹，虽然不是纯白，可是比一般青蟹颜色淡得多了，蟹壳煮熟也只浅红，拖面炸吃，比起秋盘荐爽、引匜大嚼脑满肠肥的大红袍，似乎又雅驯多了。湖北的黄石港有一种双壳蟹，外壳稍硬，里壳是软的，可吃。当地把这种双壳蟹和小虎头鲨来炖汤，炖出来的汤白同乳浆，鲜而不滞，里壳肥厚，直同鱼唇，也是别具一格的蟹类。

从古到今，爱吃螃蟹形之于诗词，托之

于吟咏的，的确不少，可是诠次成书的，倒不多见。当年笔者在北平琉璃厂来熏书店，看见一本宋代傅肱撰写的《蟹谱》，上卷是记录蟹的掌故，下卷是傅肱自身吃蟹的经历。虽然不是元明版本，最少也是清初刊镌。刚以四块大洋买妥，碰巧藏园老人傅沅叔不期而至。他把我已买妥的《蟹谱》翻了又翻，看了又看，格于君子不夺人所好，可是又不忍释手，只好说是借去看看，不日还归。他是笔者的世叔，又不便推却，只好由他老人家拿走，从此一借不还。笔者花了四块大洋，究竟内容如何，自己连看都没看过。来到台湾近三十年，每逢逛书摊都特别留心，总想再买一本《蟹谱》，始终没找到。这种古书是可遇而不可求的，每当桂子飘香，持螯把酒的时候，一想起那本《蟹谱》来，心里就有一种莫名的怅惘。

镩盈缥玉话银鱼

在欧美似乎还没有听说过什么地方出产银鱼，可是中国的湖北、河北、安徽、东北都有出产，但大小各异，鲜美也不相同。古人盛夸武昌鱼，湖北的鱼不但产量丰富，而且种类繁多。当年江苏督军李秀山（纯）跟湖北商埠督办方耀亭（本仁）结为儿女亲家，李秀山的公子到湖北来就亲。方府茹素，李是篮球健将非肉不饱，李一到汉口，住在岳家既多有不便，就在舍间下榻。李生长北方，吃惯面食，每餐都要吃面，方府知道他喜欢面食，特地送来几盒云梦鱼面。这种鱼面看起来跟普通扁条挂面没有什么两样，可是煮好之后，用三合油一拌，吃到嘴里，比鸡火面还鲜腴爽口。

自从吃过云梦鱼面，李公子对于湖北银鱼发生莫大兴趣，他听说黄陂出银鱼，只有一寸多长，全身银白，红眼墨尾，每年产量不过百斤左右，在清朝列为贡品，所以又叫贡鱼。有一天休沐，他拉我到黄陂他的长亲夏乡绅家做客，吃了一餐银鱼鸡蛋饼，他一口气吃了十七张。饼虽不大，又是汤又是菜，也够惊人的了，回到汉口直说过瘾不止。害得他吃了两天消化药，饮食才恢复正常。天津卫河银鱼，在平津来说，可算是上食珍味，如果给人送礼送点银鱼，算是够交情的礼物了，如果用桶装连卫河水养着活鱼一块送，那就更不得了的名贵啦。

卫河又叫白河，到了严冬，河水凝固，在如镜的河面上，用钩镰枪凿个大冰窟窿，在开口垂钓，像冰柱似的七八寸大小的银鱼，一会儿工夫，能钓上一两斤来。这种银鱼通体晶莹透明，只有一对眼睛是黄颜色，天津人喜欢拿来氽汤，说是鱼肉滋补，鱼汤鲜美。

我逢到有卫河银鱼总是弄个酒精暖锅，把干贝、银鱼、茼蒿煮熟了下酒。抗战前南开大学张伯苓先生，到北平参加大学校长会议，我请他跟周寄梅校长在舍下吃过一次，认为卫河银鱼这么吃，才不辜负人家在冰洞旁边餐风茹雪的辛苦，而银鱼的风味才全部显露出来。

安徽巢湖，水浅鱼多，螃蟹的硕大肥美，直追阳澄湖的大闸蟹。湖里出产一种小银鱼，最长只有两寸左右，多数都是一寸多，肉厚而细嫩，中间只有一条软骨，当地人叫它面鱼。用面拖了下锅一炸，拿来下酒，骨酥肉嫩，可以连骨头带肉直吞，是下酒的隽品。

巢县北街有一家没名的小饭店，掌勺的是位黄阿婆，她先用黄豆芽煮豆腐，把豆腐煮出马蜂眼后，弃去黄豆芽汤，另换冷水下调味料，放入活生生小银鱼煮，银鱼遇热，全往豆腐里钻，结果小银鱼全钻入豆腐里去，汤、鱼、豆腐，无一不鲜。后来我用卫河银鱼，选小的来做，终归跟黄阿婆做的滋味不同。中国割烹之妙，确实有说不出的奥妙，知味之谈只能意会，而不能言传呢！

宜酒宜饭宜茶宜粥的火腿

从前考古专家中国通福开森说："尽管德国人夸称德国做的香肠火腿，滋味好，花式多，可以雄视欧亚各国。说这些话的德国人，我敢断定他们没有尝过中国的云腿蒋腿，否则绝对不敢大言不惭，自吹自夸说德国火腿是世界第一的。"

民国十年左右，北平德国医院的狄勃尔大夫，不但是当时医学界的权威，而且是绅商各界交际场合里的甘草。他曾经说过，他特别爱吃中国菜。凡是经他妙手回春治好的大家闺秀、豪富名流，知道他的特嗜，真是邺中鹿尾，塞上驼蹄，天天罗列满桌，时常十天半月顿顿都吃中餐。他最爱吃用火腿炖的汤、火腿煨的菜，尤其是云腿夹面包，他认为那比热狗三明治，不知道要高明多少倍。

中国人远者如美食名家袁子才，《随园食单》里素菜荤烧的，十之八九都离不开火腿。狂人金圣叹在临刑的时候，还忘不了告诉他儿子说，豆腐干加花生下酒，有火腿味。可见此公不但爱吃火腿，而且认为火腿下酒，是无上的隽品，才有这种妙喻。近者如"洪宪皇帝"袁项城，虽然是河南人，可是每餐必备火腿熬白菜墩。谭延闿的畏公鱼翅，全是火腿鸡汤借味，离了火腿也就不成其为谭家菜名看的上品啦。

照以上情形来看，不论古今中外，好啖的老饕，对于国产的火腿都有特别偏爱、极高评价的。

中国西南各省，大半都会腌制火腿，不过以浙江的金华火腿和云南宣威的火腿最负盛名。浙江火腿大家都认为产自金华，所以才叫金华火腿，要买必定指名要金华产品。其实浙东金华、义乌、盘安、东阳一带，都擅制火腿。真正吃火腿行家，都觉得在浙东出产火腿各地区来比较，东阳腿品质香味实在要高出一筹。

当年浙东一带，每年接近重阳，各火腿行庄就开始忙着腌火腿了。所有合于腌制火腿的猪腿，全被人搜购一空，如果此时想搞一只蹄髈来吃，不是跟猪肉商有点交情，那简直甭想买得到。

腌腿也分季节，重阳前后腌的腿叫秋腿。此时猪只的膘头还不足，不过腿市新货红盘开得高，秋腿抢先脱手，可以卖个好价钱。十一月腌的腿叫冬腿，这个时候膘头养足，皮光肉细，是腿中上选。立春以后所腌的腿叫春腿，因为冬寒已过，猪渐退膘，品质方面就稍逊。不管是秋腿、冬腿、春腿，人家内行庄客一看便知，每人都随身携带一枝削尖的竹扦子或者是钢扦子，如果要调查肉的品质老嫩，腌制的手法时间如何，只要把扦子往腿上一插，再抽出一闻，就可以嗅出品质好歹。这种老师傅，在行庄里都是高薪厚禄，地位崇高，特别受人敬仰呢。

腌制火腿看是并不复杂，可是做起来的手法，可就大有高低优劣啦。首先要把整只猪腿割下来，要是刀功不好，割的部位有偏差，将来腌好，腿形不标准，自然卖不起好价钱来。整只猪腿要用大籽盐涂满后仔细搓擦，遇到瘦肉部位，更要加盐多揉。所谓大籽盐就是海气晒盐，如果用小籽盐（灶盐）或是精盐，腌出来的火腿鲜度就差了。猪腿腌好要平放挂釉的瓦缸里，缸底要用竹篾子架空，让大盐行卤后的卤汁慢慢流到缸底，不致渗到肉里，影响肉的品质。

如此经过八天到十天（看天气冷暖而把天数增减），加盐一次，分量要比第一次用盐减半，过十天后再加盐一次，比第二次再减半。腌到将近一个月期间，老师傅打过扦子，认为可以出缸，挑选一个阳光普照的大晴天，把整只腌腿一条一条拿出，放在大木盆里，用清水浸泡，河水井水均可。就是避免用自来水，因为自来水里有化学药剂，肉味会变苦涩。泡的时间要看阳光强弱而定。腌腿经过几小时的浸泡，所有腿上附着的盐卤杂质，要轻轻洗抹干净，悬挂在通风良好的阳光之下曝晒，等到腿肉泛红，表皮坚硬，再把腿形修整一番就算大功告成了。至于腿的好坏，那就全凭老师傅们的经验技术了。

有人说腌制若干只火腿中，必定要有一只戌腿（狗腿）才能提鲜，您如果问一般制腿的老师傅，他们总是笑一笑，既不承认，也不否认。其中有什么猫儿溺，外行人就莫测高深了。不过笔者在江苏泰县一次宴会上，确曾吃到戌腿，其色深红，全部瘦肉，有点像北平的清酱肉。可是木渣渣的，鲜味全无。顽石先生说过，戌腿精华全被猪腿吸尽，所以味同柴木，确实信而有征。

现在来谈谈云南的宣威腿，当年在平津等地，想吃金华腿随时随地在南货店、南货担子上都可以买得到。可是想吃真正云南宣威火腿，那就可遇而不可求，要碰机会了。抗战时期，凡是初到昆明的下江客，第一觉得昆明市面太晚，早上十点敲过，街上还是寂静无声，十家商店倒有九家还没下门板。昆明早上也讲究吃茶，火腿一碟，等于别处的花生瓜子。由于云腿平常少吃，外来客无不大啖一番。从前只听说火腿可以下茶，敢情到了昆明，确实是一边喝茶一边嚼火腿。

云腿体型巨大，头号云腿比浙腿要大一半。据说宣威腌制火腿的猪只，不但品种优异，而且饲料都经过加工，所以养的猪都是皮薄肉嫩，制成火腿不但颜色殷红柔曼，味道更是醇厚香润，既酥且嫩。另外有一种竹叶的火腿，红肌白理，香不腻口，好喝两盅的，都喜欢用竹叶熏来下酒。云贵各省的老饕，吃惯了醇厚腴爽的云腿，偶然吃到浙腿，反而觉得味薄而腻，不及云腿呢。

火腿在烹调方面，一般人总认为其作用是提味起鲜，是绝妙的配料。其实好火腿要作为正菜，单独品尝，才能体味出它醇正昌博的真味原味来。拿火腿做主菜，有蜜汁火方、一品富贵等。现在固然是佳腿难得不可苛求，可是以目前一般饭馆来说，不论是江浙馆，或者湘滇粤各省饭馆，火候刀功一丝不苟，真能够得上真正标准的可以说少而又少。

拿蜜汁火方来说吧，一定要选火腿的中腰封，因为中腰封是整只火腿菁华所在，先要看火腿的大小，然后切成方块，片皮剔肥，只取精肉。把整个大干贝洗净，用绍酒浸润过铺满垫底，作用是吸油去腥提鲜助味。然后另外用蜜汁三成、冰糖七成，上锅先蒸，等糖蜜融合之后备用，因为蜂蜜有一种花粉味，只能三成，用多了影响火方正味。火方上锅蒸到八成火候，才能把蜜汁浇上，只能蒸十分钟就可以起锅上席。蒸得稍久，火方就甜腻滞口，要特别注意，这道菜火腿厚重，蜜汁甜润，所以绝对避免羼入火腿肥膘，才能得腴而不腻之妙。

一品富贵是一道酒饭两宜的填充菜，早先这道菜要配荷叶卷，后来经陈光甫先生提倡，改用去边面包蒸软夹火腿吃，那是为了老年长者牙口不好来设想的。想不到现在一律改用面包，反而没有用荷叶卷的了。一品富贵不同于蜜汁火方的，是虽然去皮，可是要稍许带肥。火方是切方块，这个菜可是要切片，考考厨子的刀功了。火腿要切薄到成片就行，切好之后，要不松不散，更不许连刀，因为这道菜的火腿瘦中带肥，虽然浮面浇上木樨莲子汁，也不过取点清香而已。现在有些饭馆用莲子羹垫底，火腿则肥多瘦少，厚度有两枚银圆厚，那简直考验吃客的齿功啦。

上腰封的火腿切丝，用三合油拌荠菜啜粥，可算粥菜中逸品。当年张恨水在《世界晚报》写《金粉世家》长篇小说里，有一部分他自认为是用《红楼梦》笔法的，他非常得意他写金总理家七少爷燕西生病，让厨房准备几样清淡粥菜，其中有一碟拌鸭掌，大家闲时聊天，笔者给他建议，不如改为云腿拌荠菜，因为富贵人家子弟生病，绝不会拿不易消化的鸭掌当粥菜的。抗战时期张在重庆患疟疾，病后胃口不开，忽然记起拿云腿荠菜啜粥，并且驰书告诉笔者，所谓粥菜逸品，今得之矣。可见火腿宜粥，也是有其根据的。

至于以火腿下酒，扬镇一带菜肴多用重油，喜欢半肥半瘦火腿。苏锡人士饮食以清淡是尚，佐酒火腿大都采用纯瘦，总要剔出所谓"眼镜"来啜酒。总之不管是浙腿云腿，吃到嘴里能够腴而能爽，酥而不糜，清淳沍润，才算是腿中上品。

写到此处，想起有关火腿的一个小故事。

抗战胜利笔者曾到扬镇小住，好友胡国华兄适在黄伯韬军中主持福利社，承他送我一只玻璃锦匣，打开一看，是长不过三寸蹄爪宛然的火腿一对。那么小的火腿，当然不是猪腿，可是什么动物有这样的蹄爪呢，真把我考住啦。后来还是胡兄自己说明，才恍然大悟。原来他们福利机构，有一位东阳腌腿的老师傅，不但腌制火腿是老经验，对于修整腿形，更是拿手。闲来无事，他碰到猪只尾巴特别肥大的，就切下来，跟其他火腿一同腌晒，腌好出缸，加以修整截短之后，把猪爪后尖小指剥下来，装在猪尾巴尖上，迷你型的小火腿，就大功告成，真是天衣无缝，一点看不出是伪造。经他说明了才觉得毫不稀奇，可是猛一看真能把人唬住。

笔者这对小火腿带到上海之后，被火柴大王刘鸿生看见，觉得新奇好玩，于是这对迷你小火腿，就变成他多宝柜的珍藏了。这小玩意儿虽然不是真正火腿，可也算是有关火腿一段趣话。现在谈火腿，所以把它写了出来。

也谈猪油

前些时看到万象版刊载《猪油何处去了》一文，于是也使我想起许多有关猪油的事情来。

早年在华北，甚至于全国各省，无论是家庭或大小饭馆，除非您事先对家里厨子、饭馆跑堂交代要用素油，十之八九都是用猪油炒菜的（华北有些省份，像山东、河南，猪油还要加个"大"字，叫猪大油）。平心而论，用猪油炒的菜，如果适量适时，滚热上桌，那的确比素油炒出来的菜滑润好吃。舍间当年所用女佣大半都是从南方带回北平来的。重堂在闽，长辈中有的终年茹素，有的唪经礼佛，每月总要吃几天花斋，持斋的素菜恐怕大厨房锅碗不干净，全是由女佣们动手烹煮。那个时代尚无所谓的红花籽油、色拉油等，北方人炒素菜只知用小磨香油，南方人才会用花生油，所以舍间的素菜是花生油或者小磨香油两者兼用的。用素油炒菜，唯一要诀，是油一定要滚得透，菜再下锅，否则有豆腥气香油味不好吃。最早德国医院法国医院两位名医狄波尔、克礼极力提倡他们的病人吃香油或花生油，不要吃动物油，后来协和医院开业后，院里大小大夫众口一词，认为凡是动脉硬化、胆固醇浓厚、血管栓塞、身体过胖的病人，十之八九是吃猪油太多所造成的。劝病人以后不吃动物油，改吃植物性的油类。舍间对这点倒是得风气之先彻底响应，让厨房炒菜，不分荤素一律改用植物性的油脂。可是一般饭馆因为猪油做菜腴润滑厚，而且多年以来成了习惯，硬是改不过来。

北平最负盛名的山东馆是东兴楼，厨房大灶就设在大门左边，不但来的饭座儿，就是过往的行人，都可以看见掌勺的大师傅在灶火边上，一把大铁勺能把勺里菜看一翻多高，勺铲叮咚乱响，火苗子一喷一尺多高，灶头上大盆小碗调味料罗列面前，举手可得。最妙的是，仅仅猪油一项就有四五盆子之多，不但要分出老嫩，而且新旧有别，什么菜应用老油，什么菜应用嫩油，何者宜用陈脂，何者宜用新膏，或者先老后嫩，或者陈底加新，神而明之，存乎一心，熟能生巧，仿佛在油上功夫运用到家，才能获得调羹之妙。所以说吃火候菜，家庭烹调技术再高，也没法跟饭馆子来比的，就是这个道理。至于后来提倡用素油炒菜，诚如该文作者陈明所说的猪油在我们四周"化明为暗"，那是百分之百事实，一点儿都不假。

　　在北平，猪油另外一条出路是中式饽饽铺，他们无论做什么样的点心，一律都用猪油，因为猪油起酥容易。至于持斋人吃的素点心，有专门卖净素的点心铺，因为北方人最初全不懂得使用花生油一类的植物油，所谓素油就是香油，因此做出来的点心一股子香油味，除了吃斋的以外，谁也不愿意吃素油的点心。谈到饽饽铺所用的猪油，不但特别，而且讲究，有一年笔者让西四牌楼兰英斋做点藤萝饼，自己家拌好了馅儿让他们去做，在柜房一聊天，就聊到猪油上了。他说柜上特别另外做了二十个藤萝饼，是柜上送的，让我回家用瓷罐子收起来，保证留到年底吃，绝对不会走油发霉。这些饼是三十年陈猪油烙的，不但特别酥，而且放个一年半载保证不坏，后来这些藤萝饼，真是放了大半年才吃，一点都没坏。

早先北平没有屠宰场，屠户杀猪的地方叫汤锅，都集中东四牌楼西四牌楼一带，汤锅除了杀猪之外，就是熬炼猪油。他们把熬好的猪油，倒在陶制大坛子里，做上年月记号，就窖藏起来，每年一过重阳，登过高，饽饽铺的大掌柜的就忙着进货了。这时候汤锅方面，同行公议的油价也挂上水牌（北平买卖家都有一块木质记事板挂在柜房，随时记事叫水牌），油价是年代愈久，价钱愈高，最久的有三十年以上陈油，虽然早晚市价不同，可是听说要比新油贵到十倍以上的价钱呢。不过这样陈年猪油价钱太高，每一家饽饽铺，每年也不过买上二三十斤而已。

华中华南一带得风气之先，早就知道用菜油跟花生油豆油炒菜了，当年上海闻人关綗之（号关老爷）开的素食馆功德林，有一个名菜叫炒豆腐松，因为香酥松脆，腴润味永，大部分人都不相信是用素油炒的。其实人家功德林楼上设有佛堂，佛门善地，绝对不进荤腥，功德林是为方便茹素人而设，既不谋利，又何必自欺欺人呢。

台湾在光复之初，不但大小饭馆清一色是用猪油炒菜，就是家家户户炒菜也都用的是猪油，游弥坚做台北市市长时期，工程师学会在台北召开，舍表兄张文田从上海来台与会，游张两人在大陆时是同班同学，而且同屋，游请舍亲在寓小酌，所有炒菜都用的是素油。在座有一位老者是游市长的一位长亲，每一道菜上来，他老人家一直不动筷子，后来说出是不吃素油，当时笔者觉得很奇怪。后来参加了几次本省朋友的大宴小酌，任何菜肴一律使用猪油，无怪游氏长亲骤然间对吃素油无法适应呢。

近十几年来，每位家庭主妇都知道吃动物油对身体健康极为不利，所以无论到本省外省亲朋好友家吃饭，饭桌上几乎已经闻不到猪油炒菜味道，几乎都改用植物油了。虽然有些饭馆仍旧阳奉阴违地偷偷用猪油炒菜，点心店用猪油做糕点，可是植物油的使用量确是直线上升，时常呈现供不应求的现象。准此以观，动物油的使用量自然是相对地减少了。不过有一项令人不解的是，现在每天屠宰猪只头数，依然渐有增加，大小饭馆，中西点心店铺也消化不了偌大猪油数量，这些多出的猪油都怎样消化掉了呢，诚然是个令人不解之谜。最近有位海关朋友对我说，剩余猪油，已然列入外销物资行列，拓展外销，你大概还不知道呢。我希望海关那位朋友说的百分之百是事实，否则若干的猪油化明为暗在我们左右作祟，对我们大家健康的影响实在太大了。

口蘑的话

现在台湾菜市里菌子的种类甚多，什么金针菇、鲜草菇、鲍鱼菇，台产冬菇、进口冬菇，五光十色，种类繁多。样子虽然都跟大陆菌类差不了许多，可是鲜度就两样啦。

笔者小时候就懂得吃口蘑，也爱吃口蘑，因为先君的乳母（我们叫嬷嬷奶奶）的长公子杨尚志（我们称呼他嬷嬷大爷），在张家口开了一家皮货庄，还有一家口蘑店，又是张垣商会的会长，一年总要到北平来个三五趟，一来探母，二来接洽生意，每次都带些大包小包不同种类的好口蘑来。

他说："察哈尔是汉蒙杂处的省份[1]，汉人词汇里，就夹杂着不少蒙古话。我们吃的蘑菇，就是蒙古话'蘑哥'的转音。有人说南方人叫香菇，北方人叫蘑菇，虽然同属菌类，可是滋味鲜度迥然有异了。因为它生在张家口外离离草原上，所以叫口蘑。塞外牧草长得高，蒙古同胞，逐草牧放，他们吃剩下的残肴碎脯、牛羊血脏，任便抛弃在草地上。积年宿草，冬天被风雪偃伏在草地上，形成厚厚的草床，有冬雪的滋润，渐渐变成含特种有机成分的腐殖土。等到新草蹿出，就在上面搭起矮小天棚，保持草内水分，遮蔽直射阳光。夏末秋初，再来上几场连天雨，温度高、湿度大，菌丝最易繁殖。菌伞一片一

---

① 察哈尔省始建于 1928 年，辖境相当于今河北省张家口市、北京市延庆、内蒙古自治区锡林郭勒盟大部、乌兰察布市东部，1952 年撤销，划归河北省、山西省、内蒙古自治区和北京市。今之"察哈尔"为乌兰察布市下辖的三个旗。

片从腐殖土里冒出来，刚一露头的幼菇，颜色洁白，鲜味浓郁，当地人称之曰白菇，是口蘑中的珍品。等菌伞纹理龟裂，颜色转为棕褐色，就是中下品口蘑了。

"采口蘑也有专门技术，采取迟早，对于品质好坏大有关系。菌伞要圆，纹路要深，四围草色滋绿，才是上等口蘑。最大的口蘑，在采收下来、未晒干之前，伞帽圆径有七八寸，重达一斤左右，拿来炖鸡不但鲜腴无比，对于肺病也最为滋补。我们定兴乡绅鹿莫五把这晒干的成品，行话叫'云片'，拿来炖羊肉，具有冬天可以不穿皮袄过冬的效果。另外有一种最小的口蘑，伞帽比指甲盖儿还小，是口蘑中珍品，行话叫'白蘑钉'。因为产量少，味浓郁，所以比一般口蘑价钱贵上两三倍，各口蘑庄收进的白蘑钉，大部分是归北平各大饭庄整批分了去。

"俗语说，张家口三宗宝，口蘑、莜麦、大皮袄。我开的是皮货庄、口蘑庄正式行号，经过关卡照章缴纳货物税，极品口蘑为二十五到三十银圆一斤，值百抽三，所以从张家口回来的人总打算偷带点口蘑送送亲友。因为真正的口蘑香味特别，不管您带多少，藏得多么隐蔽，香气外溢，总是让关卡人员给翻出来，补税之外还要罚款。所以张家口有一句笑话是'大偷骆驼小偷羊，就是口蘑没处藏'。"

嬷嬷大爷他从张家口带来的精选口蘑，因为身份关系都规规矩矩完纳税捐，就这样也比在北平海味店买的便宜很多，所以我们家里一直有好口蘑吃。

口蘑的好坏，一尝便知。除了察哈尔的口蘑清香复绝之外，热河出产一种榛蘑，是生长在榛子树下的小菌子，伞帽颜色是咖啡色，菌柄比口蘑略长。我在热河时曾经代表北票煤矿为所得税事，到承德地方法院出庭作证，住在一位世交鲍君家里。他晚上给我接风，一道菜是榛菌烩蒲瓜，据说这种榛菌，热河也只有赤峰、围场两地出产。围场土厚泉温，围场榛菌早年列为贡品，这种菌香味甘纯萦绕，最为噗人。另一道菜是猴头煨鱼脑。从前只听说四川出产猴头菌又名马蹄包，想不到北方也产这种菌类，猴头菌有中型释迦果大小。因为热河到处有温泉，地温特高，所以鲢鱼特别肥硕。两者相辅相成，润气蒸香，比一般砂锅鱼头要好吃多了。想不到在紫塞边关能吃到这么好的兰肴玉俎，那就是个人的口福啦。

民国初年，北平中央公园里，有个云贵饭馆叫长美轩（后改上林春），我最爱吃他家的乳鸽红焖羊肚菌。这种菌子颜色墨黑，菌伞真像一柄未撑开的伞，皱纹累累，久炖不坏，所有乳鸽精华全被它吸收。北平市市长何其巩虽然是安徽人，却最爱吃云贵菜，如果熟人请他在中央公园吃饭，他必定点长美轩，而不去来今雨轩，目的就是要吃长美轩的红烧羊肚菌。抗战期间我曾经到了羊肚菌产地云贵边区，饭馆里烧出来的羊肚菌，无论如何都赶不上长美轩做的浓郁入味，可能非关菌的良窳，而是取决割烹之道精纯与否吧！

民国二十二年，我在武汉得过一次伤寒症，病后体虚气弱，住在武昌黄鹤楼的积善堂养疴。世交方耀庭（本仁）先生，天天让积善堂的工友，给我炖雏鸡乳鸽喝汤，汤清味永，从来没喝过这么鲜而不油的清汤。后来工友告诉我，督办（称方先生）送来一大包赛夏，每天煨汤都放几片，据说这种东西是从好远好远的地方来的，功能补元益气，所以我大病之后，能恢复得那么快。

后来请教方老，他说，西藏班禅活佛在杭州举行护国息灾时轮金刚法会时交屈映光送给他的，是藏北草原特产，当地人叫它赛夏，其实就是口蘑。如果有鲜黄花拿来一块儿炖乳鸽吃，对于病后复原，有如灵丹妙药。方老盛意拳拳，我连吃七八只乳鸽，果然病体复健很快。后来汉口基督教医院甘院长悉心研究化验，赛夏所含营养成分，确实不输高单位多种维他命呢！

我在汉口时，就听朋友说湖南菌油如何鲜美，后来到长沙、常德特地尝了尝这种特产，其鲜度也不过跟口蘑酱油差不多，觉得湖南菌油，不过徒具虚名而已。后来到了衡阳住在学弟刘孟白寓所，他家女佣宋嫂，擅长熬菌油。她说：第一菌子要选得精，老嫩大小要整齐划一；第二熬菌油的火候要把握得恰到好处；第三菌油熬好最好装坛密封，放在阴凉地方，避免日光直接照射。搁上一年，再开坛取食，自然甘鲜。这种菌油的鲜度，有逾广东香山蚝油，彼荤此素，所以一般茹素老人、持斋居士，都把菌油视同调味神品。

台湾农业界朋友，培育了不少菌类新品种，不过台湾高温多湿，土壤贫瘠未尽理想，菌类又系人工培育，化学肥料促长过速，所以台湾菌类既无法媲美口蘑，也无法跟西南菌类互争短长了。

金齑调盐话酱园

中韩日三国人对酱菜好像都有特嗜，尤其中国人，每日三餐啜粥呷饭全少不了酱菜。去年我在美国旧金山的中国食品店，先看见一位外国男士在买整包的大头菜，又看见一位黑皮肤胖太太买什锦罐头酱菜。据店里售货员说："他们两位都是店里老顾客，经常来买大头菜、什锦酱菜。"想不到白种人、黑种人都受了我们的"传染"，爱吃中国的酱菜啦！

北平自制自销酱菜的叫酱园子，大概最早做酱必定是有自己菜园子的。真正老北平多半有个习气，喝惯了吴裕泰的茶叶，绝不会改张一元的，吃惯了哪家酱菜，就认定哪家，永远不能更改。为了买四两酱萝卜，能够不辞辛苦，从西城跑到北城去买，这些都是有钱有闲没事养成的习惯。

大家一谈北平酱菜，就想到粮食店的六必居。他家酱菜固然是浓醲味美，远近驰名，可是严分宜给他写的那块六必居牌匾，也助长了不少声势。严嵩虽然是明代恶名昭著的佞臣，可是他的书法，不以人恶而字不传。"六必居"三个字虽然笔画不多，可是用楷书写，摆在一起很难挺拔四衬，而严嵩这三个字确实写得四平八稳，刚柔相济。后来被清代四大书法家之一的葆初看见，认为整天风吹日晒未免可惜，于是鸠工另外拓塑了一方悬在外面，把原匾改悬在屋里。也有人说是一个小徒弟，天天用湿布擦柜台，就在柜台上写上"六必居"，日积月累，居然神似，悬在外面的那块匾，就是小徒弟的杰作。两者究竟谁是谁非，年深日久，也就无从究诘了。

六必居卖的是字号老，跟辘轳把（地名）的西鼎和互争互夸自己字号老，而惹起一场纠纷。西鼎和也是一家开了多年的老酱园，以酱荤蓝丝出名，酱得透明不说，荤蓝丝整齐纤细，更是别家酱园办不到的。当年慈禧喝玉米糁儿粥，就少不了花椒油炸西鼎和的荤蓝丝。

中国人有句老话，说同行是冤家。针尖对麦芒，谁家也不肯让一步。六必居说他家酱园子是明代嘉靖年开设的，有严嵩写的匾额为证。西鼎和一时搭不上腔，正在为难，有位读书人去买酱菜，问知原委，说他家以匾额夸耀，你们何妨以匾额回敬？西鼎和的牌匾，未署真名实姓，仅仅签署了"玉山主人"四个字，不知是什么朝代人。谁知那位读书人是饱学之士，他说："玉山主人姓顾名德辉，号仲瑛，元朝至大年间生人。不但是名儒，而且是名臣，元朝人写的匾，当然比明朝写的要早若干年了。"经过这场争执，六必居瘪啦，从此两家各做各的生意，不再作无谓之争了。

其实六必居的酱疙瘩、酱萝卜都是特具风味的。酱疙瘩烂而不糜，蒸一下和芝麻酱吃，是牙齿脱落老人们的恩物。酱萝卜微甜带鲜，软中带脆，是别家酱园比不上的。西长安街天源酱园也是西半城有名的酱园之一，他家的八宝菜说是八样，其实十样也不止。因为销路好，酱菜身份永远是恰到好处，酱青椒，都是精选一律比核桃大一点的，撕开了一兜汤，冬天吃热汤面其味无穷。

地安门外宝瑞合是北城有名的酱园子。说宝瑞合连老北平都不一定知道，可是您一说"大葫芦"，那就无人不知、无人不晓了。他门前放着一只一人多高的大葫芦，你过来摸摸，我走过去摸摸，已经由红让人摸成紫红色了，他家除了酱小菜外，蒜薹腌得最好。不过这时鲜菜一年只卖一季，过了菜季，蒜薹腌过了头，就不好吃了。倒是他家老缸腌的水疙瘩，一年到头都有得卖，而且行销到西南各省。

东城有个后起之秀酱园子叫天义顺，是东来顺铺东丁家开的。因为菜园子是自己的，货色自然既便宜又新鲜。丁掌柜的交游又广阔，东安市场一带饭馆都用天义顺的货。冬季吃涮锅子，一定要有糖蒜，东来顺一个冬天锅子季下来，就是自己也要销几千斤糖蒜，加上熟能生巧，所以天义顺的糖蒜蒜瓣大，没有陈货，是别家酱园比不上的。

阜成门外关厢有家酱园子叫"阜和成"，有人说他家是北平最大的酱园子，后院大酱缸就有二百多口，所卖的黄酱甜面酱都是经过三冬两夏的宿酱，他也有整坛子的酱卖，十五斤一坛子。真有别的县份人，特地来采买，一买就是十坛八坛的。据说只要坛口封得紧，放在阴凉地方三五年都不会发霉。他家的酱甘露银条菜，又鲜又脆，是酱菜中一绝。（现在台湾所有大陆的蔬菜全有种植，就是没有见过甘露银条。）

　　家表兄王云骧是打猎高手，每年秋末冬初，总要约我们到西郊红山口打猎。猎物以竹鸡野兔居多，回来的时候，总是在阜和成对面的虾米居喝两斤土黄酒，歇歇脚，再进城回家。打来的野兔就交给虾米居的伙计剥皮开膛，表兄只要野兔的后腿，剩下的兔皮兔肉就全送给伙计了。兔子收拾好，把血擦干净后，就往阜和成酱缸里一塞，第二年打猎回来，把头一年的酱兔腿从酱缸里拿出来，用锯末子熏熟大家下酒，宿酺散馥，玉浆香泛，这种野意，绝非列鼎而食所能想象得到的。

　　有一年我到山东公干，在即墨住在一个开酱园的朋友家里。他家在即墨算是首富，半个城区都是他家的菜园子，我一住就是十多天，临别他送我一个大油篓。回北平打开一看，原来是一个出号的大瓢瓜，瓜里塞满了二三十种酱菜，比北平的八宝酱菜种类要多出若干倍。先祖母尝了之后，觉得鲜而不咸，比北平八宝酱菜还好，最宜啜粥。前两年有山东益都过来的人说，这家酱园子的东伙早已四散了。

江苏扬州对于红烧菜的酱油特别考究，杜负翁先生说："扬州因为酱油好，所以红烧的菜才敢夸称味压江南。"扬州东关大街有一家四美酱园，是全国知名，尤其是虾子酱油，用来下面真有清水变鸡汤的感觉。据说四美酱园创于前明，一只一只砂缸，都是半埋土下。所用大豆，购自牛庄，并雇女工再精选一遍。必须经过一个伏天才能开缸出售，有所谓"伏油""夏油""荫油"种种区别。更有所谓缸底荫油，油浓性黏，有如台湾的酱油膏，如以舌尖舐尝，不仅其鲜入骨，而且香留齿颊久久不散。四美有一种酱萝卜头，曾在南洋劝业博览会得到头奖，后来参加万国工业展览会又列优等。酱萝卜头所用原料，是里下河所产杨花萝卜，虽然比不上北平的水红萝卜来得脆嫩，可是做出酱萝卜头来，粒粒滚圆，鲜脭脆润，是啜粥逸品。

东北锦州有一种卤虾店，专卖卤虾酱、卤虾小菜，其中有一种卤虾小黄瓜，长不逾寸鲜嫩无比，不过是卤非酱，已不属于酱菜范围，只能列为小菜中别格了。

读《烹调原理》后拾零

　　最近拜读张起钧教授所著《烹调原理》一书，书里区分烹、调、配、余四大类别，同时把食品的色、香、形、触、味，分条析理，推陈创新，又经梁实秋先生于三月二十六日写了一篇《烹调原理》读后，抒读之下，不禁馋兴大发，少时捭豕燔黍、烹鸠炙鹅的情怀，又都一一涌向心头。

　　笔者从十几岁起，就最爱吃胜芳的大螃蟹，在中秋节后，遇有连着两三天假期，能够不辞劳瘁远征胜芳大啖一番。胜芳是津沽附近一个水乡，高粱饱满，碧水凝香，同时芳草成茵，溪岸幽香，因为山灵水秀，传说胜芳杨柳青一带，每年还要产生一位妙龄秀发的大美人儿。于是每到夏末秋初，总有些军阀豪富名流巨贾，派出专人秘探，或明或暗来此选美访艳，在这一段时间里，或眩于色，或忙于吃，倒也给这景物幽胜的水乡平添不少绮丽的风光。

北平正阳楼的调货高手，胜芳跑得最勤，也真肯下功夫。每年秋凉螃蟹开秤之前，经常要跑上几趟胜芳，先跟当地有头有脸的鱼行大老板套交情，打打交道，等盘子谈妥，只要每天从天津到北平的鱼货火车一开进东车站，总是正阳楼调货手先上车把头水货挑够了，然后才把一篓一篓的螃蟹运到市上开秤呢！因此哪位想吃又好又新鲜的大螃蟹，只有去正阳楼才能吃个痛快。

螃蟹又分下缸不下缸两种：不下缸螃蟹是开篓不解草绳就上笼来蒸，蟹肉甜鲜而滑；下缸螃蟹就是靠高粱谷糠塞紧喂足蛋黄的螃蟹了，蟹肉虽然依旧坚实，可是甜鲜滋味，就未免比前者稍逊了。这是一位崇文门牙行朋友吃螃蟹经验之谈，想来颇有几分道理，不是随便乱盖的。

广东菜，鱼虾要生猛，蔬菜要爽脆，凡是素炒的青菜，芥蓝也好，油菜也罢，虽不整棵，也要撕成整缕，放在菜盘四围，饱饫肥鱼大肉之后，座客为见碧油油的青菜，谁都想夹一两箸子来换换品味。假如您年事稍长齿牙栿兀，青菜入口，那可就惨啦，吞既不下，咽又不能，一个劲儿在喀喇嗦里上下拉锯，那种尴尬情形，只有当之者才能体会得出来。我想经过梁教授妙笔点染，凡是求好向上的粤菜酒楼，今后或能知所改进吧！

狮子头可称是扬镇名菜，他们本地人不叫狮子头而叫劐肉，家庭妇女做的劐肉，各有专长，比起饭馆做的那要高明多了。做狮子头讲究可多啦，什么肉选肋条、细切粗斩，三肥七瘦等，总之无论怎么说，我们外地人吃起来虽然欣赏它的滑香鲜嫩，可是总觉稍嫌厚腻（尤其是白烧）。照营养学来说，对中年以上的人，肥腴的肉食总是不太相宜的。最近有位老饕朋友研究出，做狮子头除了用青菜垫底外（有人用白菜垫底，剁肉会发馊，不足为训），中间加垫几只鸡脚，现在肉鸡的鸡脚，腴而且嫩，既吸油脂，复餍菜香。狮子头是一道宜饭而不宜酒的菜肴，有了博硕肥腯的鸡脚来啃啃，不就酒饭两宜了吗？喜饫狮子头而又怕肥满的朋友，不妨试做一次来尝尝。

提到爆肚，又要令人垂涎三尺了，来到台湾三十年，无论油爆、盐爆、水爆都违别久矣。前两年在一家北方馆唯见墙上贴着新添水爆肚儿，结果端上来一碗黑糊糊的，敢情是牛百叶。本来台湾没有西口大尾巴羊，只有迷你型的小山羊，羊肚自然是小而且薄，哪还谈得上什么去草牙子，分出肚头、肚仁、肚板、葫芦一类名堂，当然更谈不上什么油爆肚仁、盐爆肚条啦。

台湾川湘饭馆虽然时兴炒辣子鸡、宫保鸡、左宗棠鸡……可是就没吃过碎熘笋鸡。嫩的小鸡北京叫它笋鸡，为什么不叫"嫩"叫"小"而称"笋"至今我还搞不清楚。从前北平济南春的碎熘笋鸡火候拿捏得恰到好处，嫩不见血，也绝不塞牙，汁儿挂得匀而不滞。现在台湾饲养的不是杂种鸡，就是肉鸡，想找一只纯种土鸡煨点鸡汤喝，已经十分不容易，十之八九都是串秧儿的鸡，想吃一只碎熘笋鸡，就是大师傅有这份儿手艺，小笋鸡上哪儿去找呀！

谈到包饺子，从北到南，饭馆做的饺子，无论饺子馅，饺子的包法，都没有家庭包的饺子味道好，式样顺眼。有人说饺子好是薄皮大馅油水足，那是当年在大陆一班卖力气朋友解馋的说法。不过饺子不能个儿太大倒是真的，以一口一个为原则，否则馅里汁水一流出来，就不香啦。

饺子一定要包而不能挤（饺子馆图快一

挤一个，所以不好看也不好吃），饺子的飞边不能太宽，能捏起来煮熟不咧嘴就行，为了避免边太宽，自然馅儿就不会包得太少啦。有人喜欢拌馅儿的时候多加香油，那是最容易反胃的，吃饱了一打嗝儿，香油味往上一冲，那可就惨啦。近几年台湾的饺子馆颇为流行，磕头碰脑到处都是饺子馆，可是究竟有几家合乎标准，去了一次还想再去的，那只有天晓得了。

　　说到饭馆子里用的汤水，北方饭馆顶多用些肉骨头、鸡鸭架装来熬汤，已经是上上之选了。有些小饭铺根本没预备什么好汤水，客人要高汤，拿猪油酱油用开水一冲，有香菜撒上点儿香菜，俗所谓神仙汤，就给您端上来啦。南方人喜欢吃鱼虾海味，所预备的汤水，也就比较讲究啦。从前江亢虎先生有一怪癖，每到一家新的饭馆进餐，照例先要一碗高汤尝尝，从这碗高汤，就能断定灶上的手艺高低。沙滩北河沿一带大小饭铺都知道江老师这种特嗜，北大红楼的同学们曾经共锡嘉名称之为"高汤大王"，他居然居之不疑，认为一班学弟都是孺子可教呢！

北京旗籍人士都会吃"菜包"，是清太祖还没定鼎中原，在关外狩猎时遗留下来的一种吃法。据说有一次他们跨岭越溪，走到一处嶙峋分立的山洼子里，当时矢尽粮绝，眼看就要挨饿。忽然飞来一群野生鸠鸽，被他们纷纷弋获，侍卫们认为是天禧祥瑞，于是做成肉酱，拌在油炒饭里，用菜叶包裹，举行衼祭，然后让随行将士饱餐一顿，从此把那种鸠鸽命名"祝鸠"，并把这种祭典称之为祝鸠祭。梁教授说与清教王室每年初冬纪念先烈作战绝粮，以生菜叶充饥有关的一种吃法，是大致相同的。

笔者在北京吃菜包，有时觉得白菜太大，帮子太厚，于是改用生菜，叶脆而薄，比起白菜更为适口。在炒饭里加点儿广东腊肠或是叉烧，比用肉末豆腐又别是一番滋味，尤其是用关东卤虾酱，炒饭更是妙不可言。至于用麻豆腐拌饭吃菜包，只是听说，迄未尝试，料想一定也是别有一番不同滋味的，可惜绿豆渣做的麻豆腐，此间无处可买，只好将来回到大陆再吃吧。

梁教授为了张先生的书，联想太多，我是读了之后五味纷呈，馋瘾大作，敢就所知，拾掇成篇，聊抑饥渴吧！

几样难忘的特别菜

到饭馆子吃饭点菜，固然谈不上什么大学问，可是到哪省馆子点哪一省的菜，如果点到当口上，掌勺的知道您是吃客，不但刀勺上下点工夫，就是堂口算账，也不敢乱开花账，保您吃一餐物美价廉、适口充肠的美馔。不过有些极普通的菜，或因历史渊源、地区性的掌故、省籍的不同，起了一个稀奇古怪的菜名，弄得不明底细的客人迷迷糊糊。现在把我所知道的写几个出来，供为吃的朋友们一笑。

"急里蹦"。东兴楼在北平，算是数一数二的山东馆子了，讲火候的爆、炒、熘、炸，都很拿手。逊清贝勒载涛，有一天到东兴楼吃饭，点了一个"爆双脆"，其中一脆鸭肫，火候恰好，另一脆肚头就嫌过火了。一问灶上，才知毛病出在肫肚同时下的锅。他当时指点掌勺的说："鸭肫跟肚头虽然都是要用快火，可是火候不能一样，一块儿下锅爆炒，肚嫩火候够了，鸭肫则还欠火候，等鸭肫够了火候，肚子又老得嚼不动了。多好的手艺，要是肫肚一同下锅也没法让两者都恰到好处。因此双脆必须分开来爆，各自过油，然后勾芡上桌。"涛贝勒向来是不拘小节的，说完了一挽袖子亲自下厨，站在灶旁做了监厨。两位大师傅一看贝勒爷亲自入厨，立刻精神抖擞，使出浑身解数，把灶火挑得一尺来高，扬勺翻炒，照指示先分后合，端上桌一尝，果然色、香、味、脆无一不好。

涛贝勒鉴于指点成功，笑着说："瞧你们急里蹦跳的，真难为你们啦，赏每人二十块钱，买双鞋穿吧！"经此品题，"急里蹦"从此就变成东兴楼爆双脆专有的名词啦!

早年扬州盐商们既有钱又有闲,所以颇讲求口腹之欲。有一次我到扬州公干,当地有一位票商周颂黎,知道我是北平来的,吃过见过,于是他让盐号里清客,跟厨下研究一两样别出心裁的菜来夸耀一番。有一道菜上来,他说:"北方馆子讲究吃'拉皮',今天我关照厨房做了一个'荤拉皮',请您尝尝味道如何。"这道菜名为荤拉皮,说穿了跟粉皮一点关系也没有,所谓"粉皮"其实是取自甲鱼。甲鱼以马蹄大小为度,只取其裙边,捣去墨翳,漂成白色半透明体,用鸡油翻炒,加上葱姜细末,裙片入口,即溶为胶汁,食不留滓,只觉鲜美。佳肴独沾,确实开了一次洋荤,以后就从未见过谁家会做这道菜啦。

陕西地接西陲,春多风沙,冬季苦寒,照一般人想象一定不会有什么精美饮馔。可是自从明儒王石渠、韩苑洛两位先贤在三原地方倡导所谓三原学派,人杰地灵,精研博考，文风大盛。在饮食方面，兰肴玉俎自然精美。三原人吃面的碗，大小跟台南担子面的碗相仿，三原人包的饺子，比一节大拇指头大不了许多。他们虽然不重视山珍海味，可是对于刀法火候菜式程序的讲究，实在不输江南。

三原有家菜馆叫明德楼，虽非鼎彝环壁，但是湘帘棐几，倒也一派斯文。掌柜叫张荣，他说是在宁夏学的手艺。在三原他算是天字第一号的名厨了。我第一天在明德楼吃白凤肉夹烧饼，烧饼打得松而不油，加上肉又腴而不腻，我一夸好，张掌柜认为我说的是知味之言，一兴奋准备亲自下厨，约我第二天去吃他做的"海尔馎"。他这一"海尔馎"可把我考住了，猜想不出海尔馎是什么。

第二天等海尔馎一端上桌，敢情是红烧大肘子，不过比一般炖肘子更香，还有干对虾味儿，可是海碗里又没有大虾干！肉是五花三层，肘子皮看上去油汪汪锃亮，吃到嘴里毫不腻人。张掌柜说这个菜是在宁夏都统衙门里学的，他的师父"依克坦布奇"是当时衙门里的头厨，是前任都统裕朗轩从盛京带到宁夏的，其师父是镶蓝旗满人，海尔馐是一道满洲菜。满洲古老的烧肘子方法，是用整瓶糊米酒跟松花江的白鱼干垫底来烧。等肘子炖得稀烂，酒香鱼香都吸到肘子里去，而肘子的肥油则全被鱼干吸走，所以肘子蕴有鱼香肥而不腻；拿出来的鱼干，要是加粉条白菜一熬，又是一道清隽实惠的下饭菜。这道菜虽然没有什么深文奥义，可是酒要一次加得足，不能中途掀锅盖儿加水，自然腴香诱人原浆味美。后来我回到北平，教给庖人仿做几次，似乎跟在三原明德楼做的味道不同，是否有什么诀窍没告诉我，就不得而知啦。

河北省正定县在汉代属常山，是浑身是胆的子龙赵四将军的故里，在平汉线上属于三等站，特别快车经过是停靠的。有一年我搭平汉线火车去郑州公干，正定站外路上搬错道岔，前面货车出轨，翻了两辆，我坐的快车无法通过，只好下车投宿，等第二天路轨修好再走。同车的有一位石家庄人赵春坡，在正定开过染坊，他愿做识途老马，既不能走，索性在正定玩玩。

首先我们到当地人称之为"赵庙"的赵四将军庙瞻礼，这跟称呼孔庙、关庙含有同样崇敬的意味。庙貌虽不算十分伟丽，可也庑庑四达，穿廊圆拱、丹碧相映。神座左侧，有一只兵器架，上面插着一枝镔铁长矛，据说从前有血挡红缨，大概年深日久，变成秃缨长矛了。枪在架子上虽然拔不下来，用双手却能转动，分量足足有一百斤以上。拜完赵庙之后，我们就赶到十字街的北楼饭馆，品尝当地名菜"崩肝"跟"热切丸子"。

崩肝是选猪的沙肝，剔去筋络，用开水一烫，切成细丝，加作料，用热油爆炒，起锅上桌。炒出来的肝丝，根根鲜脆，咬在嘴里咯吱咯吱地响，所以叫崩肝。崩肝的配料北楼饭馆用鸡丁（有的饭馆用肉丁），也能焦里带脆，那就是人家的手艺火功啦！

热切丸子是正定特有的一道菜，在别处还真没吃过。鸡蛋摊得薄薄的，鸭肉剁成泥，加作料炒熟，把鸭泥卷在蛋皮里蒸熟切段上桌，蘸着正宗特制的芥末吃，蛋皮嫩黄，鸭泥褐中带粉，芥菜黄里透绿，甭说吃，颜色已经够诱人啦。赵春坡说："当年乾隆皇帝把金镶白玉版、红嘴绿鹦哥，列入御膳房的上食珍味；如果他尝过正定热切丸子，对于前两者，恐怕就不屑一顾了呢！"

傅青主是清初反清复明最激烈的一位学者，一举一动都有炽烈的反清意识。太原开了一家小饭铺，请他题名，他给这家饭铺取名"清和元"。这家饭铺以卖早点驰誉太原，某中以卖"头脑"跟一种酥火烧出名。头脑又叫八珍汤，汤里煮的是羊的腰窝肉，粗枝山药，粉藕切片，腌韭菜末，酒泡黄芪党参，据说吃了八珍汤可以醒脑益智。酥火烧别名帽盒儿，帽盒儿里放的是清代官吏的顶戴，意在把它吞在腹内。

清和元每天天不亮就下板做生意，门口一直点着一盏灯笼，表面上是说他每天下板早，其实骨子里隐含"不忘大明"的意思在内。太原东大街清和元是最原始的一家，后来有人看他家生意大好，连大同丰镇都开有清和园，实际已失去当初傅青主取名清和元的意义了。八珍汤这种早点，在酷寒的冬季，吃一碗，确实驱寒暖体，令人神清气爽，不过江浙一带朋友嫌它有股膻气，大多不敢领教呢！

庚子拳乱，慈禧率同光绪仓皇出走，一直逃到山西太原，才惊魂甫定，变逃难为西狩，继续西行到了陕西西安。御膳房司役人等，大致都赶来随驾，御膳房恢复了旧观，因此也把西安的烹饪水准大大提高。羊肉泡馍，本来是上不了台盘的粗吃，有一天慈禧的凤辇，经过鼓楼大街，忽然闻到一阵幽椒配盐、气味芳烈的肉香，于是停辇驻骖，就在辇中吃了一碗热乎乎的羊肉泡馍。据说回銮之后，喜欢颂扬圣德的臣下们，把西安鼓楼前卖泡馍的老白家的门前取名止辇坡。从此老白家以原汤煮肉来号召，那肉炖得酶郁腴美，肥肉固然化为琼浆，就是瘦肉也糜烂得入口即溶。

入民国，他家的生意越做越兴盛，到西安来的外路人，如果不到老白家吃碗羊肉泡馍，似乎是太可惜了。同时他家的"湾口"在西安也是头一份，外地人到西安，当地士绅都喜欢请客人到老白家吃"湾口"，以表示自在西安吃得开。所谓湾口，就是大尾巴羊肛门四周的括约肌，因为纤维细韧，嚼起来鲜嫩有味，这跟吃牛头箧，肉的精华是在牛鼻子四周的括约肌是一样的。不过一只羊只有一个湾口，宰三两只羊，也不过三两个湾口，所以得之者往往夸耀自己运气好，食指动，当天遇见什么事都能得心应手，成了大家卜祈运道的妙方了。

这两年海鲜店大为走红，台湾各县市，从南到北，触目都是金碧辉煌、昼夜璀璨的海鲜店。有一次我在东港吃海鲜，东亚楼老板跟我说有刚出水的大蛤蜊，那跟江苏武进孙家酒店的大蛤蜊可就没法相比啦——孙家酒店是以卖"土绍"出名的。掌柜的大家官称孙老太婆，虽然不卖炒菜，可是她家下酒小菜只只精彩。她看客人酒已喝够了，便将白砂锅蛤蜊炖南豆腐端上桌来。据说武进河汉子里活水河蚌，有长达七八寸的，孙家酒店这道菜都是孙老太婆自己动手，绝不假手于人。她把壳内泥沙洗得干干净净，用竹篾帚把韧肉捣烂，用吊好的高汤，豆腐几乎煮化，架在红泥小火炉上上桌。另配茼蒿细粉，亦汤亦菜任客煮食。无锡常州一带的菜肴，对我们口味重的人，会觉得太甜了一些，这道菜可以甜咸自理，吃了这道，无一不是赞不绝口，所以北人南来，对于这道菜，印象最深刻了。

中国幅员广袤，一个小城镇都有它的拿手菜，一时也说之不完，我拿几样特别菜来说说，无非是解解馋聊以解嘲而已。

吃在热河

　　一般吃客都认为热河必定没有什么出色的菜肴，其实还真有几道名菜是别处吃不到的呢！在台北江浙馆子里吃一客红烧甲鱼，至少要四五百元，跟鱼翅紫鲍价格不相上下；可是在热河身价就差多了，只能小吃，不能上酒席，如果正式请客有甲鱼，当地人认为是最瞧不起人的举动。

　　热河平泉的二锅头高粱酒在东北是数一数二的，据懂得品酒人说，它的香醇在牛庄高粱之上。二锅头窖藏三年以上，用二套车驮着运销平津的药铺酒庄去加工制造出售。驰名中外的天津五加皮，酒底子就是热河的二锅头。这种未加工的二锅头如果三两知己小酌，叫个糖醋甲鱼，浇上蒜泥、姜末下酒，酸辣肥腴，异常可口。

热河出产一种猴头菌，比四川的马蹄包，皱纹多而整齐，拿来炖猪脑，起锅时稍稍勾一点儿薄芡，浓浆香泛，裹着色白滑美的粒粒圆球，那也是别处吃不到的美肴，可当地人并不觉如何名贵呢。

朝阳东门有一家饭馆叫桂兰斋，名字好像是一家饽饽铺，其实是一家饭馆，他家以糠烧鸡驰名，所用都是纯种土鸡，放在自己菜园子里饲养，整天追逐觅食，吃的全是活食，所以鸡肉肥而且嫩。他们把鸡剖好，收拾干净，肚里塞满各式各样作料材料，外面保持原样，不褪鸡毛，用糠皮包起来放在灶火里去烤，大约烤一小时鸡已烂熟。剥去焦糠鸡毛，外焦里嫩，跟无锡的叫化鸡，都是膢浇原味，当地人请客吃糠烧鸡时，常客气地说这是尘羹土饭，其实这种尘羹土饭，别处想吃还吃不到呢！

谈谈老山人参

　　笔者世籍吉林长白，族人以采参为业的很多，北平樱桃斜街廊房二条的参茸庄，不是族人就是同姓不同宗的老乡们开的。所谓老山人参，就是长白山特产，据说入山越深，因为地脉水源灵气所钟，人参越是足壮，药效也就更为恢弘，所以野山参比高丽参价格高出若干倍。笔者两登长白都是凉秋九月，雾重霜凝，重裘不暖，虽然登山，未敢深入。

　　北平有一家长荣参庄是百年以上字号老店，他家所卖各种参类都是自采、自运、自选、自制，不但货真价实，而且顾客如果说明病情，他们会不厌其详仔细指点，买哪种参最为对症，绝不让顾客多花冤枉钱，所以北平参庄林立，他家生意一直是执参茸行牛耳。家母老年畏寒，隆冬三九，时患喘嗽，长荣号掌柜即指点买老山参须以代茶饮，他说："在参行学生意，最要紧是'精选'跟'分类'，参有三六九等，要分得细、选得精才算参行中高手。一堆参头参尾，或是毛鬖鬖的参须，如果是从老山人参上修剪下来的，虽然样子不好看，可是药效跟老山人参是同等的。"他总是劝家母不必买整只人参，选点真正好参须，功效相同，价钱可就便宜多啦！

在吉林入山采参，好像是专业，如果外行人贸然入山采参，不是迷路，就是冻死，能够空手而回，已经算是不幸中之大幸了。入山采参一帮人总有十多位，吃食饮水固然准备齐全，防寒的衣履卧具更得一样不缺，至于挖参所用各式用具，挖出参来的提盒，更是缺一不可。有时发现一枝参，据他们有经验人一望而知，年份虽然够老，可是气脉

605

尚不贯通，被甲发现之后，立刻插上自己特制标签，银托木牌，咬破中指滴上人血（用银托木牌点血据说可以防止破了地脉，老参通灵免其移动），别的采参人看见，绝不会过来挖取。这种行规，无人敢犯，否则为众共弃，不准入山采参，如果标签三年以上未动，那就任凭别人挖取了。

当年鲍贵卿任黑龙江督军时，有人送他一枝"参王"，用红丝线绑在玻璃锦盒内，参长逾尺，已具人形，头部三须耸立。内行人说头毫一根，计龄百年，如此说来那枝参王最少也有三百年了。鲍贵卿把它以年礼献给当时的总统，后来辗转到了颜骏人（惠庆）手中，他就陈列在小书房一张琴桌上，玉髓凝脂，仿佛已含灵气。中医说："好的野参，可以益气养元，病入膏肓的人，如果灌上几匙浓浓参汤，真能延迟寿命若干小时。病人一咽气，尸体很快转凉僵硬，如果喝过参汤，尸身能够温暖很久。早年家中长辈病故，都由子孙代为沐浴更衣，在又悲痛又骇怕情形之下，衣履穿着极为困难，若是临危之前进过参汤，则穿着寿衣，就不致感觉凿枘难纳了。"早年的西医对于人参的药效采取保留或不信任态度，最近美国医药界权威已经有人着手研究究竟人参对于人体影响如何，虽然目前尚未获得定论，可是有些药学专家已经认定，服用人参后，人体内会发生某种抗力是毫无疑问的了。我想三五年之后，人参也必定能像甘草、大黄、麻黄一类中药，被西医大量采用，我们不妨拭目以待吧！

当年热河北票煤矿有一个矿警叫李中权的被流弹击中，穿胸而过，当时有一位云南籍的矿警，掏出一块黑黝黝的东西，咬下一半在嘴里嚼烂，就敷在李的伤处，等把伤者送到医院救治时，相隔不过二十几小时，可是已经血止炎消，生命无碍。他曾经把那半块药给笔者看过，黑而且硬，有如干了的五香茶干，据说是产自云南野人山乌参，是他父亲入山樵猎，一个苗人送给他的。云南白药所以能够止血生肌，就是掺有少量乌参在内，中国药材真有若干极具医药价值，只是我们没能发扬光大罢了。谈到人参，所以也顺便写出来。

熊　掌

最近台湾有一批熊掌从美国进口，前后掌一共十二只，前掌每只售价一万元，后掌七千元，已经售出四只，其中两只被来来大饭店买去，还有八只现正待价而沽。

黑熊是一种顽皮有趣的动物，有时为了活动筋骨，跑到河床上把两人抬不动的大石头搬来搬去嬉戏。白天他们都躲在深山里酣息，到了天一黑，就下山觅食，什么高粱、大豆、白薯、玉米都是它们连吃带玩的对象。牧场上的栅栏时常被它们弄倒，把羊群鹿群赶得四处乱窜，可是牧人无论如何都不射杀它们。据说牧场养十条猎犬，不如饲养一条黑熊，因为狼群一看见黑熊就逃之夭夭，牧场主人都把黑熊视同守护神了。

舍亲奭良前辈，曾任热河都统，因为久住东北对于东北出产的山珍海味，割烹之道，颇有研究。他说："东北的兴安岭、长白山虽然都有黑熊出没，可是谈到吃熊掌，一定要吃长白山的，因为长白山多的是肉苁蓉、刺人参、瑞香果，这些都是舒筋活血，增长气力的名贵中药，黑熊没事就拿这些花草当点心来吃，再加上长白山上夏季蜜蜂特别多，黑熊最爱吃蜂蜜，到处掏蜂窝偷蜜吃，皮粗肉厚，又不怕蜇，把蜂蜜吃完，就藏在大树窟窿里冬蛰了。黑熊能人立而行，前掌特别灵活，冬眠时用一只前掌抵住谷道，另一掌就专舔吮，左右前掌逐年更换，所以剖取熊掌烹调时，必定两只分锅而炖。有人说以掌抵住谷道那只，炖好之后味道欠佳，大都弃而不食，所闻如此，就姑听之吧！不过另一只舐之不停，唾液精华尽萃于此，肥厚腴润是当然的了。

当年新割的熊掌，不能立刻就吃，至少风干一年之后再吃。收藏熊掌也有一套方法，新割熊掌不能用水洗涤，要用草纸粗布把血水吸干，预备一只大口瓷坛，先用石灰垫底，然后再铺上一层厚厚的炒米，上面再用石灰封口，第二年才能拿出来洗净烹调。

熊掌因如泽为脂膏，不宜白烧，而宜红炖，收拾干净后，先要厚厚涂上一层蜂蜜，在文火上煮约一小时，然后再把蜂蜜洗去，放入作料、配料，用文火来炖，最好是用砂钵银炭煨上三个小时，准保扑鼻香开锅烂。

有一年舍下跟友人经营的谦益永盐栈开股东会，当时的经理许云浦染患腿疾不良于行，两足行动无力，据说吃熊掌可愈，恰巧舍下存有一副朱子桥先生送的熊掌，就带到扬州去开会。扬帅厨子曾经追随先祖多年，对于煨熊掌并不外行，配料除了葱姜红枣核桃之外，加枸杞子、冬虫草、干贝、蒋腿来煨，端上桌来已觉香雾噗人，甘鲜肪腴，远胜极品鱼唇。熊掌一吃光，马上每位座前送上一方滚热毛巾擦嘴，因为熊掌胶质浓厚，如不擦嘴，第二道菜来，嘴就黏住张不开了。许云老吃过熊掌，深感体气涨充，又托人物色到两副熊掌，如法炮制，后来居然不需拐杖，能在院里散步，可见熊掌能舒筋活血倒不是骗人的。

熊掌及罕不拉怎么吃

　　十月二十日颜元叔教授在"联副"写了一篇《熊掌与罕不拉》，紧跟着夏元瑜兄十月二十六日来了一篇《熊掌与罕不拉考》。鄙人向来贪吃嘴馋，在两位教授之前，不敢说考，再考怕烤焦啦，只能把往事回忆一番，过过干瘾吧。

　　做过热河前都统的一位世执姓桑名良，久在东北，所以对于东北的白鱼冰蟹，以至于珍馐滋补的鹿胎、熊掌、哈士蚂，怎样选材、烹炙、进食，都有个研究。就拿熊掌来说，他说兴安岭、长白山都有狗熊（俗名"黑瞎子"），可是吃熊掌，一定要吃长白熊的熊掌。

虽然兴安、长白到了隆冬，山里气温都在零下二三十度，可是长白山在夏季蜜蜂特别多，所以出产蜂蜜。很奇怪，兴安山里就很难发现蜂窝了。黑熊习性最爱吃蜂蜜，长白山的蜜蜂窝，十之八九都筑在倒卧地上的枯树里。黑熊偷蜜真有一手，皮粗肉厚，又不怕蜜蜂来螫，它在深秋把蜂蜜吃足了，然后藏在大树窟窿里冬蛰。黑熊能人立而行，前掌特别灵活。冬眠的时候，用一只前掌抵住谷道，另一掌就专供舐吮，今年用左前掌，明年一定换右前掌。所以剖取熊掌烹调的时候，一定两只分锅而炖。有人说以掌抵住谷道那一只，炖好之后总带点臭味，弃而不吃，这不过传说揣测之词，不足深信。不过一只掌一冬不动，一只掌天天舐之不停，唾液精华日夜浸润，此掌肥腴厚润是自然的了。书上记载，古人讲究吃炙熊掌，大概炙法失传，现在只有炖之一途。

当年新割的熊掌，不能立刻吃，至少要

等到明年彻底干透才能炖吃。收藏熊掌也有一套方法：首先，新割的熊掌不能见水，要用草纸或粗布把血水擦干，之后预备大口瓷坛，先用石灰垫底，然后再铺上厚厚的一层炒米，放下熊掌后四周用炒米塞严，上面再放石灰封口。搁上一年两年，才能拿出洗净烹调。

熊掌收拾干净后，要先抹上厚厚一层蜂蜜，在文火上煮个一小时，然后再把蜂蜜洗去，放好作料，一开始就用文火来炖，最好是用炭火，炖上三个小时，准保扑鼻香、开锅烂。如果不先用蜜来炖，据说就是煨上三天三夜也没法下筷子。

从前黑龙江督军毕桂芳送了一对熊掌给中东铁路局理事范其光，正赶上沈瑞麟接中东铁路局督办，范就约宋小濂等东北铁路界名流陪客，请新任督办吃熊掌。中东铁路局的江厨子，也算是东北名庖，可是端上来的主菜红煨熊掌用叉子按住，拿刀切都切不动，画饼岂能充饥，未免大煞风景，大家只有吃点边菜，尝点熊掌汁来应应景儿啦。据说这道菜确实足足煨了一天一夜，尚且如此，大概就是没有用蜜炖一下的缘故吧！

笔者在十二三岁时，第一次开洋荤，吃过一回熊掌。事情是这样的：赵次珊当清史馆馆长的时候，总纂是袁金铠，有一天袁老忽然两腿僵直，只能擦地而行。太医院御医张菊人说，吃熊掌可愈。在当时熊掌已经算是稀罕物了，幸亏赵次老知道同年瑞景苏藏有熊掌，可是谁会做呀，后来打听到厚德福有个厨子叫解宝峰，当年对于炖熊掌非常拿手，自从熊掌缺货，厚德福虽有会做熊掌之名，但除非吃客自备熊掌，柜上可以代做。像这样生意，一年难得碰上一两次，所以解宝峰在柜上可以算得上英雄无用武之地啦！这次小聚由瑞景老出熊掌，赵次老在厚德福请客，给袁老治腿疾。除了陪客瑞景苏、爽良两位，就是次老的胞侄赵世愚梅岑跟在下两人。这份熊掌是用大海碗盛上桌，因为边菜配料太多，所以一大海碗还盛不下。在下彼时年纪还小，只觉得熊掌腴润，不像是吃猪牛蹄筋，而像是吃特厚的极品鱼唇。大概是配料夺味，也没觉出熊掌有什么特具风味，但是熊掌里的小条肌肉，诚如元瑜兄所说，不像鸡筋，特别柔软肥嫩可口。

熊掌一吃完，伙计马上给每位递上一个热手巾擦嘴，因为熊掌胶质太多，要不赶快擦嘴，第二道菜上来，嘴就粘住张不开了。袁老吃了熊掌之后，两腿僵直是否见点儿功效不得而知，但是在下总算吃过熊掌啦。

元瑜兄认为，罕不拉可能就是哈士蟆，大概所猜八九不离十。当年江南名医张简斋、经方名医陆仲安两位都说过，鹿茸、鹿胎属于热补，熊掌、阿胶属于温补，燕窝、哈士蟆属于清补。在东北富厚之家的老年人，多半是以鹿茸人参进补，中年人男吃熊掌，女用阿胶。至于哈士蟆、燕窝，既是清补之剂，所以不论男女老幼，都可以吃。尤其是吉林一带，春末夏初沼泽河沟，遍地俯拾皆是哈士蟆。吃哈士蟆并不稀奇，那是进了关，摆在参茸庄里卖，身价才高起来。您要是把哈士蟆拿鸡汤或肉汤炖着喝，不但味美，而且强壮身体。如果再加上点江浙出产的蛏干、淡菜同煮，据说对于年幼体弱，跟将要发身的男孩女孩补益更大呢。至于罕不拉究竟是不是哈士蟆，最好我们能早点回到东北，就知道是一而二，二而一的，还是两个不同之物了。

怎样吃熊掌

现在在台湾提起吃熊掌，大家都觉得是稀罕物儿，其实在东北吃焖熊掌，并算不得什么了不起的事呢！笔者从大陆带来一个厨师刘文彬，他就会做熊掌，后来我移家屏东，他年老畏热，不愿远行，就到韩国驻华金信大使官邸司厨，金大使有位朋友拿来一对熊掌，知道他会焖熊掌，于是请刘厨做一桌熊掌席宴客，可是这位先生又不放心，仿佛是位老吃客，指东点西，把刘厨支使得晕头转向，刘厨恼在心里，碍于大使面子，又说不出口，可是要掂掂这位先生到底斤量如何，他小心翼翼，遵古炮制，把这一份红焖熊掌做好之后，熊掌的精华在趾掌之间的四块膘筋，不但膏腴甘肥，据说老年人吃后，还能强筋健步，上菜时应当是熊掌仰献，把紫鲍火腿鸡茸都放在掌握之中，他一使坏，把熊掌来了个覆盂，掌背朝天，大家把鸡火鲍鱼跟掌背的皮肉吃光外，没人懂得翻转，所以熊掌的四块脚筋全剩下了，散席之后，他约了几位同行把残肴拿来下酒，熊掌精华全都自享，吃了个一干二净，后来我因公北来，他跟我谈起此事，先是莞尔，说到后来简直忍不住要捧腹了。所以有了旨酒珍肴，你还得会吃，否则除了糟蹋粮食，人家还笑你洋盘呢！

吃在察哈尔

上个月在建业大楼参加一处食品品评会，散会时，有位二十多岁的青年朋友走过来跟我聊天。他自我介绍叫尹志恒，察哈尔怀来县人，父亲从小入川，在成都读书，母亲贵州人，所以对于家乡风土人物饮食茫无所知。考进大学之后，同学中有爱开玩笑的说他是山药蛋，再不然就说他是吃羊毛的朋友，他听了心里非常别扭，难道察哈尔真就没有可以在人前夸耀的饮食了吗？"素仰您是饮馔专家，请您指点指点，免得人家一说俏皮话，我就成了锯口葫芦，无言答对。"我说我虽然在察哈尔没久住过，可是来来去去也不止十趄八趄，在华北流行的一句谚语："察哈尔的三宗宝，山药、口蘑、大皮袄。"山药蛋，不错，察哈尔普遍种植马铃薯，又叫洋芋，可是当地人用花椒油大火快炒洋芋丝，虽是极普通的菜，咱们就是没人家炒得爽口好吃。后来细心跟人讨教，才知道洋芋切丝后要把洋芋上附着的淀粉洗去，才会爽脆好吃。口蘑丁鲜美清香，愈往南边运，香味愈芳烈，张家口的口蘑酱油跟湖南菌油，都是炒菜提味的圣品。北方人过冬总得有件皮袄御寒，最普通的皮袄，自然是老羊皮啦。当然口外（察省张垣）的滩皮比不上宁夏的竹筒滩皮，可是九道弯萝卜丝的皮筒子，数九天穿在身上轻而且暖，也就够瞧老半天的了。

撇开三宗宝不谈，至于有人笑话察哈尔人吃羊毛，那就更是大错而特错啦。察哈尔跟冀晋热绥一样，都出产黄米。靠近山西的阳原县，因为风高土厚，出产一种很特别的黄米，胚芽皮粗而且厚，用磨出来的黄米面蒸发糕，由于糕里有麸皮渣子，所以入口之后，觉着粗粗拉拉，像是嚼了一嘴羊毛，因而称之为毛糕。如果把这种毛糕弄成小块，蘸着口蘑肉片卤吃，众香发越别具风格。据说缺乏维他命 B 的人吃了，补益更大，跟察省朋友谈起来，大家都馋涎欲滴呢！察南怀来县沙城镇的制酒老师傅们，制酒手艺也是一绝。当地"玉成明""迎香"两家糟坊所产高粱酒，加上冰糖、龙眼肉、秘方药材，再加当地产的青梅叫作青梅煮酒，青精玉芝，甘平清辛，啜露凝香，在巴拿马赛会曾得过优等奖，不过本省人不伎不求，以致沙城煮酒其名不彰罢了。

永定河在怀来县境有一小河套，出产一种白鱼，鳞细肉嫩，用花椒盐暴腌，跟饭卷子同吃，味醇而正，比诸松花江白鱼也未遑多让。只是未经骚人墨客题咏过，所以知道的人不多。不过在当地有句口头语："煮酒、怀鱼、狼山糕（狼山属怀来），西八里姑娘不用挑（县西八里一带，少女个个都是绝色，不用挑选）。"由此可见一斑。

依没到过口外人的想法，紫塞边寒，大漠茫茫，隐约幻渺。其实长城内外之间，除了牛群、羊群，还兼养猪。因为地广人稀，猪圈极大，听任猪只自由活动，等于放牧。所以猪只肌肉充实，膘少肉多，红烧白煮，比江南苏昆锡常一带的猪肉，毫不逊色。

在平绥路线的柴沟堡附近，有几家熏肉作坊，家家都有百年以上的老卤。肉卤到快烂时候，捞出来用松树枝、松塔、锯末混合一起熏过，浓醇味美，别具风味。庚子之役，慈禧回銮，尝过此地熏肉赞不绝口。怀来知县吴永是极会当差的干员，立刻把这种熏肉列为贡品。每年交冬，寿膳房添上什锦火锅，就少不了柴沟堡的熏肉供馈。谁说察省只知拿山药蛋当饭，没有好东西吃呢！

北平各干果子铺以及几处庙会，有一种无籽白葡萄干卖，是宣化特产，有人说是西藏葡萄，莹如玻璃，甘如醍醐，比舶来的美女牌葡萄干又便宜又好吃，每年不但远销平津沪汉，还参加过巴拿马商展，也是一枝独秀、压倒群芳。你的同学们，所见者小，你又何必跟他们一般见识呢！

虾米治病

以常识来判断，鱼虾鳞介含有少量磷质是不容置疑的，不过其含量多到影响人的健康或导致癌症的可能不大。因为在大陆，从东北到西南，沿海地区都产虾米，我吃了几十年的虾米，都没觉着有什么感染。可是近十多年来市面上虾米，以颜色来说鲜红渥丹，虾皮半数褪不干净，不是带虾脚就是连虾尾，一看就知色非本色，必定伪装加了色素。不管他加的色素是有害人体或无害人体，总是避之为上，要吃只有到街上买点韩国出产的淡黄色的虾米做菜，不但鲜味浓，而且吃着不用提心吊胆。

一帮好啖朋友中，梁均默先生对于海味的品尝最为精到，他说："吃海味讲鲜度实在是北胜于南。北方水寒波荡，鱼虾鳞介生长得慢，纤维细而充实，自然鲜腴味厚，南方鱼虾则正好相反。拿对虾来说，天津、塘沽、秦皇岛出产的对虾鲜郁肉细，山东沿海一带所产对虾，鲜虽鲜矣，肉则不及塘沽所产细嫩。到了盛产时期，塘沽码头上劳工，甚至拿盐水煮大虾当饭吃。至于台湾东港的对虾，卖相虽然相当不错，可是吃到嘴里柴而且老，鲜味更差，酒馆里把它当成珍品海味，而会吃的人则不屑一顾。回想当年从天津紫竹林坐北洋班轮船到上海，船经烟台，停泊海中，各种小贩都划着舢板，用钩杆子搭住轮船的栏杆猱升而上。除了卖烟台葡萄、苹果的，就是卖海蜇、大头鱼、对虾干的了。在民国十四年，一枚银圆可以买一百对大虾干，带到上海送人，好些人不知怎么吃。有一次我请人吃饭，五花肉烧大虾干，吃得盆干碗净，连剩下的肉汤都让快手倒在碗里拌饭了，这一餐现在想起还觉得其味醰醰。"梁默老这番绘影绘味之言，对对虾干的品评，可以说允当贴切之极。

北平不像台湾有专卖鱼虾、蛏蚝、鲍翅的干货海味店，这类干海味都由干果子铺来卖。北平干果子铺全系晋省同胞经营，所以又叫"山西屋子"。最著名的有前门大街通三义、西单牌楼全聚德、西四牌楼隆景和，都是百年以上老字号。通三义每年外销干果、蜜饯、海味曾达到四五百万美金。他家虾米种类多达三四十种，不是内行叫不出那许多名堂。其中有一种小金钩，虾身细小，颜色红而透明，拿来做鸡蛋小金钩炸酱拌面吃，比肉丁肉末炸酱素净滑香。当年洪文卿、赛金花是苏州人，都不欣赏面食，可是对这种半荤半素的炸酱倒不时做来佐餐。洪的公子兆东在他的随笔里屡有记述，谅来是不会假的。

锅贴是在平底锅上临时浇水加油烙出来

的，馅子无论牛肉大葱、羊肉白菜，或是猪肉韭菜，都觉着有点腻人，如果馅子用花素，吃到嘴里，就觉着浓淡适宜了。不过花素馅拌得清隽膏润者，实在不多，不是猛掺黄花木耳，就是豆腐粉条过量。北平是锅贴发祥地，可是在北平我还没吃过有滋味的花素锅贴；反而在汉口一家保定馆吃过一次花素锅贴，锅贴大小、皮的厚薄、锅上的火候都能恰到好处，尤其锅贴的馅，芳鲜腴润，令人吃了一次，还想再吃。汉口的那位白案子师傅说："鸡蛋要打得松、炒得透。虾米用热油一淋即可，避免用热水来泡，虾米一经热水，鲜味就全跑掉了。"他家锅贴特别鲜美，就是这个道理。老友方颖初称那家保定馆的花素锅贴为"极品锅贴"，信非顺口溢美之词。

抗战之前，我因胃病到青岛疗养，每天清晨就到海滩晒晒太阳，呼吸新鲜空气，到了十点左右，总有一位六十多岁老先生，手里拿着一只锃光瓦亮、亮得发紫的酒葫芦，到栈桥下边策杖漫步。一会儿有工人扛来一只麻袋，把麻袋里装的半干虾米倒出来曝晒，在虾米旁边放下一只小马扎儿（可以折的小凳子）让老先生落座。有的虾米阴干一晌，老先生就赶忙捡起来纳入口中，跟着喝一口酒，大约坐上半小时，四两烧刀子，二三十只虾米下肚，他就起身蹒跚地走了。每天如此，我足足看了半个多月，有一天我特地凑上前去跟他搭讪，哪知此公非常达观而且健谈。他说他前半年得了噎膈症，食水都梗喉管，不能下咽，群医束手，幸亏崂山上清观有一位道长，颇精岐黄，看他饮食不进非常痛苦，于是传了他一个秘方：趁晓露尚浓、晨熹初旭时光，把晒到八成干的虾米摊在海沙上，虾米晒到一缩一跳，就把那粒虾米拿来嚼烂，用白干酒送下，每天吃上十几粒，半个月后自然见效。他吃到了二十多天，饮食已经畅通，等吃满一个月，他就可以停止了。想不到干虾米、烧酒还能治病，真是闻所未闻了。

　　华北直、鲁、豫一带庄稼人，饮食都异常清苦，每餐主食全是杂粮，能吃一顿二米子饭（白米和杂粮同煮）或是伏地面贴锅子，那就是吃犒劳。要是吃一顿白菜猪肉馅儿的饺子，那就是过年开荤了。有一年我到山东济宁有事，在一家酱园子做客，那家酱园子土地占了半边城，碰巧赶上他们员工吃犒劳，厨房人托着油盘，直喊上海味了。我走近前一看，一碗鸡蛋羹上面浮放几粒虾干，再则就是一大碗海米熬白菜了。从前侯宝林跟郭荣盛说相声，就拿海米熬白菜调侃过北方庄稼人，想不到并非夸大，而是实有其事。最近因荧光剂问题虾米滞销，到菜市场巡礼，大小各式虾米都充斥街头，乏人问津，套句说相声的话：咱们现在阔得邪门，连海味都没人问津了。

对 虾

　　台湾叫大虾，华南叫明虾，华北叫对虾，这种虾除了不近鱼腥的人以外，大概没有人不爱吃的。北平美食专家谭篆青说："海味里除了鱼翅鲍鱼之外，最爱吃对虾。中国从东北到闽粤，整条海岸都出产鱼虾海味，气温低水越凉，鱼虾鳞介的纤维组织就越细润，鲜度也就越浓郁，所以天津、烟台一带所产的对虾，虽然也都鲜嫩适口，可是跟关外营口的对虾一比，吃到嘴里，味觉上就有所不同了。"篆青说这话的时候，我还不知营口的对虾是什么滋味，可是每年到了对虾季儿，平津大小饭馆所做的炸烹对虾、红烧虾段、虾片炒豌豆，甚至北平红柜子卖熏鱼附带卖的熏对虾，都是佐餐下酒的无上美味。

有一年我从上海回北平，坐的是招商局北洋班的新铭号海轮，船到塘沽等候检疫验关进口，正赶上对虾旺季。搬夫脚行们就在码头边上，一只红泥小火炉，花椒盐水煮对虾，边吃边剥，香风四溢，其乐陶陶，令人垂涎。船上的茶房说，码头工人煮的对虾，除了花椒盐外什么都没有，可是吃起来别有风味。起初我不相信，后来他拿了两只让我尝尝，微含咸味，鲜中带甜，的确所言不虚，慢慢剥壳下酒，平淡中另有淳朴的原味。后来不管在什么地方吃怎样做法的对虾，都会想起塘沽白水煮对虾的滋味。

烟台威海卫也出对虾，我觉得他们晒的大对虾干也是一绝。轮船经过烟台，多半不靠岸，而在海中下锚，卖香蕉苹果、大头鱼、大对虾干的小贩就纷纷从舢板揪住钓竿鱼贯而上。在民国十五六年一百只对虾只卖一块银圆，到了上海把对虾干用五花肉红焖，吃过的人都认为是酒饭两宜的美肴。虽然谭篆青告诉我，华北的大对虾，还赶不上东北营口的对虾肥美，可是总有点儿不相信，纵然是心向往之，可惜当时没有机会去一饱口福克解馋吻。

有一年舍亲范其光从海参崴总领事调任中东铁路局理事，在哈尔滨办公，托舍间给他物色一名厨师，因为东北工钱高，比关里挣得多，所以福兴居的江师傅愿去趟关外。他红白案子都是高手，整桌酒席也应付得下来，于是介绍他去了。过了一年多，他托关外来人给我带了一个封口的饼干罐子，他带话说："里头装的是营口虾油。营口是关外出海鲜的地方，新鲜鲍鱼又肥又嫩，大对虾壮苗多膏，不但关内吃不到，而且价钱又特别便宜，经久不坏。"起先我以为是关东卤虾的虾油，等把罐子打开一看，浮面上是一层晶莹凝玉的油脂，底下殷红柔曼，膏腴泛紫，全是剔净虾脑熬出来的红油，表面看像辣椒油，拿来煮面，鲜味扑鼻，那比上海大发餐馆的虾脑面不知道要醇厚多少倍了。从吃过营口对虾熬的虾脑油才相信，当年谭篆青所说海味鲜腴北胜于南的理论不是夸张骗人的。

台湾沿海多港湾，出产大虾，尤其是东港大虾驰名远近，近些年来台湾凡是喜庆宴会，成桌酒席，似乎主菜里都少不了番茄明虾或是红烧虾段一类菜肴，于是对虾的身价越提越高，一大盘明虾价钱，比四五位烤涮两吃价码还要结棍。严格地说，台湾的对虾讲个头论卖相都很不错，可是头大脑小，尾长而虚，虾肉老而且粗，鲜度更是淡而不足。依我个人来看，这种货色要卖到几百块钱一斤，是不值得的，甚至有些不太规矩的菜馆，伙计一看客人是生脸色，要是再带着如花似玉的美眷，不管冰箱里对虾新鲜不新鲜，干脆狠这秧子（冤大头）一家伙吧，愣说对虾不错。您要同着生朋友或是新交的女伴，一个磨不开，点头认敲，三两人的小酌，吃完一算账，真能敲您半桌酒席的价钱，这种堂倌可就太狠心啦。您要是遇上这种场合，挨敲事小，吃坏了肚子事大，咱们也就只好以牙还牙啦：冰箱宿货，快要变味，不但变色，而且一糟就切不成片，您此时不吃炸烹，也不吃番茄红烧，跟他点个清炒虾片或是虾片鸡蛋炒饭，要是对虾不新鲜，他就抓瞎没咒儿念啦。常在外面跑的人，难免碰上这种尴尬场面，我虽然不愿意整人，可是也不愿意让人整，用这种方法去应付不规矩的堂倌，准保是百试百灵呢！

天津独特的小吃

平津两地虽然相距只有两个多小时的车程，可是吃东西的口味，就大不相同了。天津有几样小吃北平人是不懂得吃，也不会做的。

贴饽饽熬鱼

天津东滨渤海，又是南北运河、大清河、海河、新开河的交汇点，盛产鱼虾不说，而且是海味集散地，所以天津人不但喜爱吃鱼虾，更会吃鱼虾海鲜。不管有多少冗刺的大鱼、小鱼，天津老乡们夹一块往嘴里一放，不一会儿就把鱼肉理得干干净净，把鱼刺吐出来了。既然爱吃鱼，当然在烹调鱼类的花样技巧方面，都堪夸是一等一的高手。

天津卫最擅长鱼的做法，也是一般家庭常吃的美肴，就是所谓"贴饽饽熬鱼一锅熟"。熬鱼的做法很简单，主要在火候上。首先把鱼开膛，取出内脏，冲洗干净，在鱼背上斜划两三刀。下锅的鱼是什么种类，鱼的长短宽狭不同，划的刀痕长短深浅，可就凭经验，看手法的高低了。鱼收拾干净，放在酱油里浸泡，等鱼肉把咸味吃透，然后捞起把整条鱼糊上一层干面粉（北方叫薄面），放入油锅里煎。煎鱼用油多寡要恰到好处：油太多变成炸而不是煎，鱼肉焦而不嫩；油太少因为干面的关系，容易巴锅。鱼要煎成浅黄色为度，倒下酱油、米醋、甜面酱、豆瓣酱，放上葱、姜、盐、蒜、大料等作料，再用中火慢慢地熬，熬到配料全部吸入鱼肉，就膏腴鲜芳，堪供举家痛快恣飨了。

所谓贴饽饽，是用玉米面（平津叫棒子

面儿）以温水糇和成团，捏成巴掌大小的饼子，趁着湿润，贴在熬鱼的锅边上盖上锅盖儿，等到鱼熬得够了火候，饽饽也就贴熟了。所以叫"贴饽饽熬鱼一锅熟"，润气蒸香，饽饽吸足了鱼鲜，香味蕴藉，虽然粗粝，也觉得分外好吃啦。在天津卫那么普及的饭食，甚至远及北通州倒也颇为流行，可是北平始终没有人仿效，究竟什么道理，真令人纳闷儿。

烙饼卷蚂蚱

"烙饼卷蚂蚱"也是天津独有的吃法，除了天津别处没听说吃蚂蚱的。卷蚂蚱的大饼，有人喜欢用大麦磨的面粉来烙，有人喜欢吃面粉掺棒子面儿的混合面烙，至于用机器洋白面烙的家常饼来卷炸蚂蚱吃，地道天津卫的人认为终归没有大麦面或是混合面来的筋道挡口呢。

天津有所谓"硬面饺子软面饼"的说法，所以和面都用温乎水，和好面先用擀面杖擀成薄饼，撒上细盐，搽好香油，撒点葱花，然后盘成螺蛳卷儿，再把它擀成饼，盘卷擀的次数越多，饼越松软好吃。

烙饼的火候更要拿捏得准：火大变成了乌焦巴弓；火小烙的时间拉长，饼让风嗞干得转硬也不好吃。火候用得得当，烙出来的饼外面微焦，里面松软，才算合格。

平津所谓"蚂蚱"，其实就是专啃五谷的蝗虫。蚂蚱到了秋凉产卵期，一肚子都是蚂蚱子儿，公蚂蚱没人吃，专拣带子儿的雌蚂蚱，摘去翅膀，掐下大腿，专留一兜子儿的胖身子，放入油锅炸得焦黄，捞起沥去了油，撒上细盐，用葱花、酱油一拌，摊在饼上卷起来吃，天津话讲那才要多美有多美呢！

当年南开大学校长张伯苓先生，非常风趣，有时候聊天喜欢斗嘴，他说炸蚂蚱撒上花椒盐来下酒，有人请他上义顺和吃俄国大菜,他都不去。虽是句笑谈,可见炸蚂蚱是多么香酥诱人啦。

嘎巴菜

"嘎巴菜"是天津最平民化的食品,也是每天早晨男女老幼都喜爱的早点。嘎巴菜讲究好汤,至不济也得用猪骨头来熬点汤,加五香、生抽勾好了芡,盛在大锅里用文火保温。嘎巴菜是小米面、绿豆粉混合摊成的薄饼,切成二寸长、一寸宽的菱形块,然后焙干,要吃的时候,用漏勺盛着放在锅里略微一煮,稍一回软,立刻倒在碗里加上卤水、辣油、麻酱、蒜泥、香菜,就成了一碗碰鼻香热腾腾的嘎巴菜了。

战前笔者在张庄大桥元兴旅馆住了半年多,元兴旅馆的掌柜的,人称张大爷,在法租界是位有头有脸的人物,他祖上就是以卖嘎巴菜起家的。据张大爷说,早先他祖父在法国教堂前卖嘎巴菜，有位石家庄皮货老客天天来吃。有一天那位老客忽然晕倒在他的摊子前，等把那位老客连搋带掐救醒过来，敢情老客是皮货销完，遇着腥赌，一夜之间，卖皮货的银两全部输光，急气一攻心，所以就晕了过去。祖父心肠一软，给凑了几个钱当盘川，让老客赶快回家。过了两年，忽然有人给带了四个大麻袋来，打开一看全是口外特产最好的口蘑丁，口蘑熬汤比鸡汤都鲜，口蘑之中又以口蘑丁最鲜，所以价钱最贵。原来皮货老客是张家口一家大口蘑店的少东家，到天津来贩卖皮货，是家里让他出来闯练闯练的，想不到偶一涉足赌场，差一点儿客死异乡，四麻袋口蘑丁，也不过聊表感谢当年援手之德罢了。从此张家的嘎巴菜，每天就改用口蘑丁熬汤啦。人人吃了他家的嘎巴菜，都觉得除了鲜美味厚外，还带点卤煮鸡的湛香，别家卖的嘎巴菜如何能跟他家来比呢？所以不几年老张家大厦连云，也变成张庄大桥一带数一数二的富户了。

笔者吃过他家的嘎巴菜，的确与众不同，是否还用口蘑熬汤就不得而知了。

津沽小吃

"府见府，二百五"，这是北平人一句老话。顺天府到天津府，距离是二百五十里；顺天府到保定府，距离也是二百五十里。由北平去天津，如果坐平津快车，也就是朝发午至。平、津既然是如此的近，北平又是明、清两代的国都，人文荟萃，饮食方面，自然而然就比其他府县讲究得多了。天津饮食方面，一切都跟北平学的，所以也就没有什么特别另样的吃食了。不过天津到底靠河近海，鱼虾鳞介特多，再加上每个地方总有几样乡土风味的吃食，所以天津有几样吃的，在北京是没法吃到。如果想吃，只有跑趟天津卫才能解解馋了。

天津的小吃，先说狗不理的包子。原先本叫狗不理，后来大概是有人觉着狗不理的"狗"字不雅，把"狗"字改成"苟"。于是一改百应，都成了"苟不理"，反倒失去本义。眼下在台湾，苟不理包子在台北，就可以找出三四家；可是要找一家狗不理包子铺，反倒戛戛乎其难了。为什么叫狗不理，就是天津的老土著，也是其说各异。

据说最早的狗不理，门面小，顾客多，甭管有多少人来吃，永远都是新出屉的。狗不理的包子，讲究的是油大卤多，加上又都是现出屉儿的现吃，自然是又热又烫。我们知道狗是无所不吃的，可是就怕吃烫的东西；有人说，凡是狗，只要吃过烫的食物，一听到响器，就脑浆子疼。究竟是真是假，那就要请教脑科专家了。不过在街上乱跑的野狗，凡是吃过热马粪的，一听到打糖锣的一敲糖锣，卖豌豆糕的一打铜璇子，狗就没死赖活地又叫又咬，那是一点也不假。狗不理卖的都是新出屉的包子，油大卤水多，热而且烫，搁在街上，狗都不理，无非是给包子做宣传的形容词而已。后来数典忘祖，才改成"苟不理"了。这个说法是否正确，还得请教天津各位乡长了。

天津狗不理包子铺，前些年一进去，坐下吃包子是不受柜上欢迎的。铺子门口有一个巨型签筒，筒底蒙上一层厚牛皮，一进门抽牌九，抽大牌，抽真假五，都可以赢了少给钱多吃，赌输了多给钱少吃。笔者第一次进包子铺，坐了半天没人理，只好空肚出来，后来跟人一打听，才知道要吃包子先得抽签子。第二次跟一位抽签能手的朋友同去，抽了两三把，他就大赢特赢，大约一把五毛，三把赢了百十个包子。抽签吃包子，可以算天津在吃的方面一大特色，除了北平串卖熏鸡、卖糖葫芦的带签子，卖奶酪带骰子外，到铺子吃点什么，还要先抽签，狗不理可算独一份儿了。

锅巴菜可以说是天津卫独一无二的一种吃食。不但天津人爱吃，就是外地人在天津住久了，也会慢慢地爱上这种小吃。尤其是数九天，西北风一刮，如果有碗锅巴菜，连吃带喝，准保吃完了是满头大汗，又暖身子又落胃。锅巴菜叫白了，都叫嘎巴菜，其实正字是"锅"不是"嘎"。

做锅巴菜的主要原料是绿豆粉，先把绿豆粉用凉水和稀，用平底铁铛摊成薄薄的一大张，然后切成柳叶条，用芡粉勾一锅素卤，浇上花椒，撒上香菜，又热又香，真可以说又经济又实惠。天津市面上，素卤锅巴菜早晨到处都有得买。有一份肉片卤的锅巴菜，在绿牌电车线路法国教堂一个胡同口，卤是肥瘦肉片，加上黄花、木耳勾出来的，那比素卤又好吃多了，据说这是天津独一份的肉卤。勾卤更有一套秘诀，一碗锅巴菜，吃到碗底卤也不澥，在当时他既没申请专利，也没有人一窝蜂似的你做我也跟着起哄，可见当初在大陆做生意，是多么讲究义气了。

平津那么近，北平怎么就没锅巴菜卖呢？据北平老一辈儿的说，北平的风俗，大小住户死了人，不管贫富，人死三天，一定要和尚念经超度，叫"接三"。晚上，放一台焰口，焰口下座，本家要请僧众吃一餐柳叶汤。所谓柳叶汤，是白面切成柳叶条，用汤水煮来吃，北平四九城的切面铺都会切。锅巴菜也是柳叶条，不过一个是绿豆面，一个是白面，形态是一样的。北平人忌讳较多，大家嫌丧气，所以锅巴菜在北平虽然也有人动脑筋做过，可是就兴不起来。说起来这也算锅巴菜的一段小插曲。

中国出产银鱼最有名的地方，共有三处。一是庐山，一是云梦（湖北），第三个就是天津大清河。天津一般对吃有研究的人，认为天津银鱼，分黑睛、红睛。据说新安附近打上来的银鱼最好，拣那一指长的用面浆一拖，下锅炸到见黄，以花椒盐蘸来下酒，通体酥透，绝不会吐出一根鱼刺来。

在天津提起傻子的酱肉，可以说无人不知，无人不晓。傻子既不设摊，也不开店，每天下午挎着食盒，在元兴澡堂子、元兴大旅馆两边一串，不到一个时辰，十来斤酱肉，五十个叉子火烧，准保通通卖光。他的酱肉好处是陈年酱汁，火功到家，肥而不腻，瘦不塞牙，其味醇郁，咸淡适宜。人们下午在澡堂子里洗完澡，早饭已过，晚饭未到，两碗酽茶一涮，五脏觉着有点发空，这就上两套火烧夹酱肉，垫补垫补，那真是绝了。

山东半岛的几种特殊海鲜

　　前几天跟几位不同省籍的朋友，到海鲜店去吃海鲜，每位都夸耀自己家乡的海味如何鲜美，唯独一位山东日照朋友郭兄只顾低头大嚼，一声不响。他人本刚毅木讷，看见大家互不相让，他更不愿跟大家一块儿裹乱了。

　　我个人对于吃海鲜有一种体验，凡是靠近热带或亚热带的海产，虽然繁多，可是经年气温偏高，动物生长迅速，纤维粗松，自然鲜度较差。山东半岛的海产，虽然没有东北海产来得细腻鲜嫩，但比江浙闽粤出产的海鲜，似乎各有千秋、不分轩轾。郭兄既不愿跟大家争论，我就代为发言。

　　就拿日照来说，一般虾类都大如对虾，四五只虾即够一斤，小者像虾皮，用细网在海边打捞，运气好的，半天就能捞个三几百斤。在台湾吃到虾仁馅儿饺子，已经算是豪华，可是在日照吃一顿韭菜对虾馅儿饺子，比猪肉白菜还便宜，足证对虾是如何之多了。在民初北洋线海轮经过威海烟台时，多半不靠岸，停泊海中，小贩划着舢板，纷纷登轮兜售大头鱼干、对虾干，一百对只卖一块大洋，能装一大篓，拿来跟五花肉红烧，不但香味怡人而且甘旨柔滑，是一道吃馒头的美肴。另外有一种变种虾，长约五寸，粗约一寸，跟虾的形态差不多，可是头上多生一对蟹螯，当地人有的叫它虾虎，有的叫它虾婆，剪去头尾，放在盐水里泡上一夜，肉已经变成半凝固体，不必蒸煮，只要蘸上高醋姜末酱油，用嘴一嘬，壳子里的肉能全部吸出，比苏州吃的满台飞还要鲜美。清代状元王可庄（仁堪）有一首五言诗咏虾婆，说吃过虾婆，三天内觉得吃什么山珍海错都不够味，可见虾婆鲜的程度如何啦。

山东半岛黄县的龙口，也是海产极为丰富地区，当地富源馆有一道菜叫"爆炒海指甲"。海指甲生在海边的沙滩上，长约三寸，宽仅七八分，生有一个淡青的薄壳，活像人的一枚指甲盖儿。平时在沙滩上露出一半接受阳光空气的滋润，遇有响动或有人经过，它感受震动立刻缩了回去，就像一根手指抽回沙堆一样，不明究竟的人，真能吓你一跳。龙口海边住的妇女都是挖海指甲的能手，眼尖手准的人，看它刚缩进洞去，立刻用铁钩把它钩出来，用大蒜苋菜大火炒来下酒，鲜嫩之极是其他海鲜比不上的。

烟台有一种海产叫"海肠子"，别的滨海地区似乎还没见过，也可以说是烟台的特产。海肠子是手指粗细、长近一尺的紫红色海虫，就跟台湾一度有人喂养的红蚯蚓仿佛。用姜酒酱油高醋辣椒蘸一下下锅油炸，拿来下酒，香脆无比，比客家菜"炒脆肠"还来得鲜美；切成薄片煮汤食不留渣，明脆鲜美，更是一绝。不过本地人整条海肠子在滚水里一烫，就夹起来吃，好像吃红蚯蚓一样，外地来人多半就不敢领教了。

海蜇在烟台沿海也非常之多，轮船停泊海面，可以看到大片的海蜇在海面漂来游去，船上伙夫用铁钩把它们钩上来，在甲板上用快刀割下几片来，然后再放回海里去，这种现割现做的海蜇无论是蜇头蜇皮，拿来下锅一炒脆爽清妙，比此间北方饭馆的清炒蜇皮更脆爽多了。

石鳞鱼是泰山黑龙潭特产，凡是登过泰山绝顶的人，必定取道黑龙潭下山。黑龙潭水黑如墨，深不见底，山瀑悬泻，奔腾而下，在潭中激起无数漩涡。玉皇顶的道士说："潭中蛰居一条乌龙，所以形象险恶。"潭内生长一种小鱼，尖头细身，鳞坚肉厚，当地人叫它"石鳞鱼"。鱼肉细嫩程度，很像苏北里下河所产的刀鱼，可是又没有见刺。不过这种鱼干炸、清蒸、红烧，都不十分入味，最好加上细萝卜丝用大火炖汤，汤呈浓白，好像奶汤，浆凝玉液，鲜透齿颊，而且不加姜葱，毫无腥味，可算一绝。鱼肉蘸酱醋吃，有如吃大闸蟹。如用大火，让汤多滚几滚，则鱼肉酥溶，化入汤中，只剩下一条三角形骨架子了。山东泰安的大饭馆都会做这种石鳞鱼汤，其他县份，就难吃到了。

听我这么一说，山东这几种海鲜，除了海蜇是常见之物外，其余海指甲、海肠子甚至还没听说过，大家对于海鲜也就不争短论长了。总之海产鳞介，凡是寒冷地方出产的，不但组织细嫩，而且鲜度较高，嗜食海鲜的朋友，必定能体会出来的。

鱼香十里带鱼肥

目前台湾近海已进入带鱼盛产季节，渔民冒着强风劲浪，纷纷驾舟入海捕鱼，因为鱼群沛集，家家都是满载而归，人人笑逐颜开，把渔获所得成筐盈篓送到鱼货市场去。从电视上播映情景，不由想到了当年山东沿海一带捉捕带鱼的盛况。黄海中各种鱼产都集中在青岛小港近海一带，凡是鱼汛来临的时候，都会有些珍奇怪异的鱼类被发现，所以各省的水族馆，测知鱼汛都会指派专家前来刺探，不惜重金，搜集价购，如果是不耐久藏的罕见鱼类，立即在青岛就地制成标本后，再行携回研究。

青岛鱼汛中以带鱼数量最多。有一年笔者奉派到青岛一带沿海地区公干，住在旧提督楼，当地渔会的会长来告，青岛的鱼汛是一桩奇景，大批的带鱼群，已逐渐游近小港。既然碰上不可不看，于是我们一同去了渔港码头，虽然港湾回环堪避劲风，可是海风冽冽袭人衣袂，犹觉衣履单薄，凭栏远眺，只见远处飞云回舞，奔电流霓，顷刻间海面上银鳞沃雪，碧海翻光，带鱼一条接一条，口尾相连，鱼贯而来。最大鱼群能接成十多里长一条鱼带，苏东坡诗所谓"光摇银海眩生光"足以说明海里鱼带子是多么裔丽壮观了。渔民运气好的碰上两三万斤大鱼带子，可以一网而罟，发个小财。带鱼进入盛产期，青岛带鱼便宜到给钱就卖，码头上的搬运脚行，原本是以火烧杠子头一类坚硬面饼为主食的，这样才精力充沛能耐重载，可是一到带鱼季节就不吃面饼，改以带鱼当饭啦！外省人初履斯土，还觉得以鱼当饭，未免太奢侈点了，殊不知吃带鱼，比吃杂粮还便宜，而且可以增加耐力呢！

带鱼到了旺季，青岛无论市集庙会，到处都有捧着大笼屉，在人群里穿梭叫卖蒸带鱼的。一掀笼屉盖，香闻十里，腴肪噀人，整个笼屉里，都排满四寸多长一块的带鱼段，热气腾腾滑嫩凝霜。蒸带鱼做法说起来极为简单，把带鱼用水轻轻洗净，勿伤银鳞，用花椒、盐、姜汁、料酒涂匀，上锅蒸透即可大嚼。当年柯劭忞太史，最爱吃这种蒸带鱼，据说做法看起来简单，可是手法各有巧妙不同，用料多寡，蒸时久暂，火力大小，在在都是有讲究的。青岛一地卖蒸带鱼的无虑千百人，其中一位日照人称"曹大胡子"的，允称个中高手。柯老告诉人，他年轻时候，以鱼代饭，有一次吃四斤蒸带鱼的最高纪录。后来入京供职，乡人知道他的特嗜，每每从山东携来蒸带鱼，请他老人家尝尝家乡风味，此刻即便有盛筵相招，他也宁愿辞盛筵而在家中大啖蒸带鱼。林长民说："柯老是舍熊掌而就鱼的老叟，还特地请陈宝琛太傅写了'鱼乐居'三个字横幅给他。"可见蒸带鱼对柯老来说是多么醉人了。

早年松山烟厂厂医庄金座，爱吃带鱼，对于带鱼颇有研究。他说："在日本求学时期，所吃带鱼肉柴而瘠，并不觉得好吃，后来回国才发现台湾海峡，水流温度都适合带鱼生长，肉才转为肥厚腴嫩，同时带鱼最爱惜身上的银翳，一旦受了损伤，鱼味便失去鲜嫩。而台湾所制渔网绳结较为粗硬，网获的带鱼，要它鳞翳无伤，势所难能，所以在台湾吃带鱼，以海钓所获肥润鲜腴，才算珍品。"他每逢休假就到花莲海钓，有一次渔获甚丰，他在寓所制馔宴客，亲自主厨，虽非全是带鱼，盘篮罗列，九孔虾蟹都是海钓珍味（当时吃海鲜尚没有像现在这样疯狂流行）。鱼鲜虾嫩，味清而隽，皆属妙馔。一味酸辣西施舌，更是令人吃后念念难忘。

前天从电视新闻中看到几幕渔获镜头，才想起现在又是带鱼盛产季节了，虽然吃海鲜的餐馆鳞次栉比，元宵前后到鹿港、关渡、淡水吃了几次海鲜，除了带鱼尚属鲜嫩松美外，其余海产都极普通。虽然吃海鲜时下很流行，可是真正想吃一顿细色异品，香醑珍膳，看来还不十分容易呢！

德州扒鸡、枕头瓜

最近报纸刊载，基隆市一家叫"德州"的啤酒馆，申请营业执照时被市府工商课批驳，理由是"德州"为外国地名，按照规定不能批准。因为凡是外国化的商号名称，包括外国地名、人名、国名，都属禁用之列，德州的名称，显然是引用美国德（得）克萨斯州的州名简称而来，所以不准。咱们中国人把德（得）克萨斯州简称德州，可是在美国佬嘴里，还没听说哪一位把德（得）克萨斯说成德州呢！

小时候读地理，就知道山东省有个不折不扣的德州，出产一种长形西瓜，跟现在台湾出产的冬瓜长短大小仿佛，皮薄、水多、籽少、蜜甜。后来在北平果局子看见这种长形西瓜，还贴着镶金边红纸条，上面写着"山东德州枕头瓜"，因为瓜是从远地运来的，价钱自然比本地西瓜要贵多了。

当年笔者在铁道部时，曾经参加过"铁展"工作。铁展是把全国各铁路沿线特产，在各大都市进行巡回展售。因此，发现平浦线德州出产扒鸡，平汉线道口出产烧鸡，北宁线唐山出产熏鸡，名称不同，做法也就各有千秋。

据曾养甫先生跟我说："你如果坐火车经过德州，一定要让茶役到站台外面给你买一只扒鸡来尝尝。可是有一点，千万别在站台上跟小贩买，碰巧了你吃的不是扒鸡，而是扒乌鸦。快车经过德州时，多半是晚饭前后，小贩所提油灯，灯光黯淡，每只扒鸡都用玻璃纸包好，只只都是肥大油润，等买了上车，撕开玻璃纸一吃，才知道不对上当，可是车已开了。"

有一年我从上海回天津，在车上想起曾先生说的话，火车一过禹城，我掏给茶役一块大洋，嘱咐他一到德州就出站给我买一只热扒鸡、两个发面火烧来。茶役知道我是部里人，多下钱来当然是小费，所以车停下来不一会儿，就给我拣了一只又肥又大热气腾腾的扒鸡，还买来了火烧。他重新换了茶叶，酽酽地泡了一壶香片。撕扒鸡时还烫手呢！这一顿肥皮嫩肉、膘足脂润的扒鸡令人过瘾，旅中能如此大快朵颐，实在是件快事。吃饱连灌几大杯浓茶，觉着吃得过量，只好倚枕看书，车过沧州，才敢就卧。哪知一枕酣然，一睁眼已经到了杨柳青，早已过了天津两三站啦，只好等车到了北平东站停靠，再换车折回头去天津。

这件嘴馋误车的事，后来被部里几位同事知道，说大禹治水，三过家门而不入，调侃我可以踵武前贤了。因为德州问题，想起

662

了以往这段趣事，所以写出来，聊博好啖朋友们一粲。我们山东省的德州怎么会一下子搬到太平洋彼岸去了。

山东的肉火烧

当年在胶东一带工作，发现有三样风土味最重的吃食，是汤肥肉嫩的朝天锅，味醇质烂的驴肉卷饼，还有外酥里润的肉火烧。来到台湾只要跟即墨、潍县一带的山东朋友谈起来，没有一位不是馋涎欲滴的。

朝天锅也许构造别有窍门，此地手艺人没法仿造，西门有卖的，也不对劲。小毛驴在大陆北方是代步载货最普通的交通工具，可是在台湾小毛驴物稀为贵，在动物园已成为上宾，要想烹而食之，岂不是戛戛乎其难。只有油酥肉火烧，馅是葱肉，面是起酥就成了。可是旅居台北若干年，大陆的零食小吃，陆续在街头出现，只有山东油酥肉火烧，始终没看见有人做来卖。

前些年去花莲公干，在明义街大水沟有个河上建筑的小木屋，清晨卖早点，中午卖炒面饭，他家居然有肉火烧、粳米粥卖。火烧的面虽然不太酥，可是粳米粥是用马粪做燃料熬的，一进屋就有北方粥铺的味道。可惜旅次匆匆，再履斯土，当地已经成了一片河上公园，想再吃一次粳米粥、肉火烧，只有徒殷结想而已。

又过了两年，到虎尾糖厂，探视舍亲周星北兄宿疾，晨间在街头散步，又看见一家铺子卖肉火烧，尝试之下，跟在花莲所吃的火烧味道、形状完全一样。细问之下，敢情是有一次花莲大火，木屋悉成灰烬，那家卖肉火烧的，投亲来到虎尾，又重操旧业，异地重逢，也算笔者还有这份口福。后来在中南部定居多年，始终没有吃过真正山东味儿的肉火烧。

去年移家台北，年底在民生社区早上散步，忽然发现一家卖早点的铺子，门口筐箩里放着几个杠子头牛角尖，屋子里卖的热气腾腾的豆腐浆，一望便知是山东老乡的买卖。老板、伙计是老夫妇二人包办，敢情屋里还有一架电动大烤箱，烧饼出炉，有长条的椒盐烧饼、橘饼、豆沙的甜酥饼，还有就是多时没吃的肉火烧。

记得当年在山东吃肉火烧，馅子有两种，一种是大葱肉火烧，一种白菜肉火烧。山东章丘大葱可算山东一宝，也是举国闻名的，葱白一尺多长，粗如儿臂，上街赶集，在大车边沿顺上两棵又肥又嫩的大葱，想吃的时候，剥去葱皮来吃，入口新香，如啜甘露，既能解渴又能搪饥，拿来做火烧馅儿，还能不好吃吗？不过章丘大葱是有季节性的，没有大葱的时候，就改用白菜猪肉作馅儿了，菜要切得细，肉要剁得烂，玉糜金浆同样好吃。

在台湾当然没有章丘大葱了。这家小铺

的火烧，就是白菜猪肉馅儿的。老夫妇都是地道山东人，耿直性格，打烧饼悉尊古法，一丝不苟，因为酥起得足，就是搁凉了再吃，仍旧入口酥融，绝不粘牙碍齿，不但住在附近一带的山东老乡，每天清早都去光顾，尝尝家乡味，就是本省同胞到小铺来吃早点的也日渐增多，可见口之于味，大家有同嗜焉是不假的。天天吃腻了烧饼油条、糯米粢饭的早点，来两只肉火烧换换口味也真不错！

山西面食花样多

　　一般人都说北方人喜欢吃面，南方人喜欢吃饭，因为南方人一向以面食当点心，偶或吃一顿面饭，老像没吃饱似的。其实北方一般人生活比较朴实，除了大富大贵人家，中等以下人家并不是顿顿吃洋白面，差不离儿总要搭几顿杂粮当主食呢！

　　有人认为北平人爱吃，嘴又馋，大概做面食，北平花样最多了。笔者虽然是北平人，绝不随便往脸上贴金，讲究面食花样多，什么地方也盖不过山西省去。

　　早年舍间跟山西票庄恒和、恒肇等"四大恒"都有往来，笔者受业恩师阎荫桐夫子是祁县世家，后来又追随太谷孔庸之先生多年，所以对山西珍肴美味粗细面食，虽不能说无不备尝，可也吃过十之七八。有人说："山西手巧的家庭主妇，能做出七十二种不同滋味的面食来。"此话或许有点夸大，笔者吃过而叫不出名堂来的就有十多种，那是一点也不假的。有几位山西朋友说，把晋北各县面食花样都说出来，岂止七十二样，恐怕一百还要出头呢！

栲栳

山西因地形关系，分为南、北、中三路。北路大同一带，以燕麦、高粱为主食；中路太原、榆次一带，以小麦、豆面、荞面为主食；南路临汾一带气温高，日照多，年可两熟，所以大半就都吃白面了。北路最普遍的食物叫"栲栳"。栲栳的做法，是把揉好的燕麦面，放在硬石板上又捽又揉，等面醒透溜开，用手一压一搓，把面卷成实心春卷形，放在蒸笼里蒸，拿出来放在碗里掰碎，浇上浓厚的羊肉汤来吃。燕麦最能抗寒耐饥，加上醇厚肥腴的羊肉，当然更能耐时候了。大同地近塞北，戍卒换班回家，家人备餐，此为无上珍食，所以叫作犒劳。后来有人写成"栲栳"，那是不知这段来龙去脉而写出来的。

刀削面

北平人懂得吃刀削面，始于阎百川晋军势力进入北平。北平城里城外开了若干山西饭馆，而且都添上女招待，刀削面从此在北平才大行其道。当时北平隆福寺"灶温"的过油肉、宽汁加荸荠片拌刀削面，曾经吸引过若干当时权贵前往品尝。我尝过之后，确感风味不错，曾经当着山西大德通票号任掌柜夸奖过。有一天任掌柜跟我说，让柜上的大师傅赵头儿表演一次，不但让我尝，还让我看看真正山西太谷的刀削面是怎么削的。到了请客那一天，酒过三巡，他特地领我到厨房参观赵师傅的手法。赵师傅把面揉得光而且硬，揪下一块，大约有三斤多重，放在一个小木板上，顶在头上，两手各拿一把长约五寸的解手刀，刀柄弯成铁环，套在大拇指上，左右开弓，轮番削刮，削下的都是三寸左右、薄薄三棱形面条。煮熟拌好作料，吃到嘴里光滑腴润，而且有咬劲。比灶温的刀削面，又高明多了。

猫耳朵

"猫耳朵"也是山西出色面食之一。在北平时，有几位山西朋友，喜欢到前门外穆家寨吃穆大嫂炒的猫耳朵，又叫炒疙瘩。穆家寨是因穆大嫂而得名，原名广福居。有些人力车夫，您跟他说穆家寨，大概都知道，要说广福居，十之八九就"莫宰羊"了。

炒猫耳朵也是先要把面揉得软硬适度，切成骰子块儿，用大拇指以熟练的手法捻成蛤蜊壳形，然后卷起来，有如猫耳朵。开水煮熟沥干，把摘去头须的绿豆芽，配上小虾仁、肉丝、韭菜大火一炒，汤汁都灌入小卷之中，金齑玉脍，适口充肠，跟刀削面的滋味又完全不同。

山西朋友都认为穆大嫂炒的猫耳朵，因为腕力足，铁勺翻得高，火力够，加上小河虾特别鲜，所以比在太谷祁县吃的猫耳朵还要够味。

拨鱼儿

平津家庭主妇大概都会做"拨鱼儿"。在大碗里把面和得较稀，用一根筷子顺间隔，不要着碗沿儿，拨成长条，下在锅里，就成啦。在山西，拨得短而两头尖的叫"拨鱼儿"，两头齐而且面条比较长的叫"剔尖"，是有分别的。河北省人没有那份手艺，只好剔尖、拨鱼儿不分啦。做这种面食，面首先要和得恰到好处。先师荫桐夫子有个厨师刘顺，从小就在祁县老家执役，据说他在祁县就是出了名的剔尖高手。他把和得略稀的面，放在平边的瓷盘子里，用一根筷子把面剔成细条下锅，一口气拨完一盘，一根长面条中间不断，一根面煮一锅所谓富贵不到头，真是神乎其技矣。

柳叶儿

"柳叶儿"是把面擀成薄片，用刀斜切，每一根都是一头宽一头尖，形如柳树叶子，把它放在锅里煮这叫柳叶汤。北平人办丧事如果夜里放焰口，等焰口下台，丧家请僧道喇嘛消夜，一定都用柳叶汤，所以北平人嫌忌讳，平日没有随便做碗柳叶汤吃的。

压合落

"压合落"，山西人叫河捞，其实叫压合落才合情理。记得前几个月姜增亮先生在报上画过一幅"合落床子"。这种特制"床子"多半是枣木做的，架在灶上，把面和好，放在床子当中圆锥形洞中，下有钢片凿上漏孔，用杠杆推压活塞，面从漏孔中被压成细条直落锅中，顾名思义，叫压合落比叫河捞来得贴切。同时压合落用豆面、荞面等类来做，比较有咬劲、顺口，如果用白面来做，反而不如杂粮做的挡口了。

捻捻转

"捻捻转"，山西土话叫"抿蛆蛆"，用燕麦或荞面和成面团，从一种特制"手挤子"中压挤下去，这种挤出的面的形状，有点像蚕宝宝幼虫，松散劲爽，用焦熘肉丝拌着吃，不但耐饥，而且爽口。所以出外短程旅行，吃了捻捻转可以一天不饿，不过必要条件是一路饮水无缺，因为吃了捻捻转最易叫渴，如果没地方喝点茶水，那可就惨啦！

拖叶儿

"拖叶儿"，是把菠菜或白菜、扁豆、茄子切丝，在面糊里一蘸，下在高汤里煮熟来吃，既营养又实惠（尤其受老年牙齿不好的人欢迎），冬天来吃，最为落胃。据说拳民之乱，慈禧、光绪仓皇蒙尘西奔，怀来知县吴渔川曾进过拖叶儿充饥，后太后回銮，想起蒙尘时饥寒交迫时吃得有滋有味，还偶或传知寿膳房做一餐拖叶儿吃，用以警惕呢！

搓搓儿

太谷还有一种面叫"搓搓儿"，是把面和

好，不切不溜，用手把面搓成细面条，难在又匀又快。孔庸之先生有一年带我去参观铭贤大学，他老人家的表弟妇，在家乡是做面食的高手，为了欢迎孔氏，曾经表演过一次。在以往，刀切面条，细同一窝丝的我都吃过，像这样用手搓得又匀又细的面，还是第一次吃到哩！尤其是用口蘑肉片勾的醋卤，现在想起来，还馋涎欲滴念念不忘。

总而言之一句话，讲做面食，依笔者个人的体会，哪省也比不过山西去。我们外省人顶多尝过五六十种，已经算是不得了了，据老一辈的人说，还有一大半，我们没尝过哩！希望在台的晋省同胞，知道多少，就把它一一写下来，免得这些做面食的方法失传。

酸溜溜的醋话

　　北方人吃饺子，必定要蘸醋吃，油盐店卖的醋，名为"高醋"，实际并不高明。笔者幼年在江苏镇江吃肴肉，觉得镇江醋酸而且鲜，比起北平淡而无味的高醋，实在强多啦。早年招商局有一条专跑北洋客货两运的新铭轮，每年总要托他们带几打镇江醋来吃饺子。

　　民国十六年孔庸之先生任职财政部部长，他到北平视察银行业务，山西大德通票号东家任相枃请他在柜上吃饭。大德通柜上的大师傅是山西票号中数一数二的烹调高手，能做六十几种面食，而任老在山西帮里是美食专家，日常用的醋、酱、酒都特别考究，所以庸之先生带了我同去开眼。大约初秋时节，大家都穿的是软夹袍，喝茶宽衣，等到入座时，每人都是高背椅，自己的衣服，已由小徒弟们折得整整齐齐搭在椅子背上，大家认衣入座，免去了你推我让的麻烦。每人面前除了匙、箸、菜碟之外，另外有一副连座小莲蓬盅，一盅是酱，一盅是醋，金浆芳酎。从他们在席上谈论，晋省人士，对于醋、酱是特别重视的，从人家里有多少年份的酱有几缸、醋有几坛，就能估计出人的家业如何了。

　　山西的土层特别深厚，而且碱性太重，要挖下几十丈深，才能有泉水出来（当年阎百川先生创设太原造纸厂，所出纸张洁白程度不够，就是水质的关系），因为碱质关系，需要醋来中和体内碱分，也就是山西同胞嗜食酸醋的缘故。照民间一般习俗来说，媳妇娶进门，第一件事就是酿醋，用高粱、小米、麦芽糖作原料来发酵。山西省虽然家家都会酿醋，可是以祁县酿出来的醋最为浓郁芳烈，她们把蒸熟的麦麸子平铺在箩筐里洒上凉水，放在热炕上让它发酵，等生了一层绿霉，拌上熟的高粱米放入坛子里，每天不断地搅拌，次数越多越匀越好，直到醋完全酿成，然后酿醋汁从坛子底下洞口慢慢让它滴下来。放在陶制釉瓮里，任凭曝晒寒冻，愈陈愈好，豪富人家，存有百年以上的高醋，并不算稀罕事呢！

先师阎荫桐夫子是山西祁县望族，他府上酿出来的醋，当然自成珍味，据告一缸高醋，最低限度也要经过三冬三夏的曝晒冰冻，把醋里的水分，经过风吹日晒、凛冽霜雪全部蒸发掉了，此后不管冷到零下多少度，缸里也不会结冰，因为剩下的只是纯粹酸醋了。我们当天在大德通，每人面前放的醋，据说就是百年以上陈醋，早经凝成醋膏，若不是兑过水，把酸度冲淡，陈年醋膏入口，非把满嘴牙齿酸掉不可。主人拿出这种陈年老醋待客，是至高无上敬意，比任何名贵酒席都来得尊贵隆重呢！我们托庸之先生的福，否则这种珍品，是不容易尝得到的呢！

自从品尝过山西省的高醋后，除了镇江米醋，吃螃蟹时蘸着吃外（山西醋酸度过高，容易夺去螃蟹味，所以吃螃蟹不能用山西醋），其余醋，吃起来似乎都不太对味儿了。初来台湾的时候，台湾仅有化学醋，也就是日本人所谓之"酢"，不是酸而不鲜，就是带有辣酱油味道。最近虽然有所谓山西醋、镇江醋、浙醋、独流醋等之醋色问世，遍尝之后都是似是而非的味道。近几年饺子馆在台湾大为流行，吃饺子当然要蘸醋，大家不约而同，全是化学醋兑凉水，再好的饺子也糟蹋啦！台北市大概只有信义路鼎泰丰用的是米醋，而他卖的是小笼包饺，还不是水饺。我曾经把这个问题，请教了几位美食专家，他们也都说不出所以然来，您说怪不？

北方人逢到腊八，总要泡点腊八醋，到除夕开坛蘸饺子吃，来应应年景，可是好醋难求，后来被我发现台北新庄有一种五印醋，是用什么原料制造的，虽然不得而知，可是色泽香味尚不失其正（不过冒牌甚多，如买到假的，跟辣酱油味道一样），拿来泡腊八醋，可以慰情聊胜于无。当年在大陆的习俗，是泡腊八醋那天，一定要选在腊月初八泡，说是腊八泡的蒜才会发绿，可是台湾大概是气候以及空气中湿度关系，不管哪天泡，蒜是越泡越黑，绝无变绿可能。台湾生产的大蒜，九十月是旺季，到了农历腊月蒜就渐次发芽，不能用了，不如早点儿泡起来，虽然没有腊八蒜可吃，过年有腊八醋蘸饺子吃，不是也可以小慰乡情，增加点儿春节气氛了吗？

清醲肥荇忆兰州

中国以农立国，南方用水牛耕田，北方用黄牛犁地，所以无论南北，除了少数省份外，大都不吃牛肉；家规严谨的人家，甚至不准牛肉进门，因为耕牛辛辛苦苦给我们忙了一辈子，到头来，列鼎而食意良不忍，因此禁吃牛肉。台湾光复之初，一般人家多数也是不吃牛肉的，牛肉只有洋伙食房才有得卖，想吃碗牛肉面只有光顾桃源街几家面馆了。当时牛源来路不畅，肉则时好时坏，那几家面馆也没有一定标准，食客们也只好但求一饱馋吻，什么黄牛、水牛，不管三七二十一，有得吃就算啦。

我的朋友中，有一位特别喜欢吃牛肉面的告诉我说："台北龙山寺圆环附近，有一家专门卖牛肉面的摊子，世代相传，已有百年历史，汤清肉嫩，不加味精，始终保持原汤原味，允推台北市牛肉面中上选。"笔者有一天特地前往寻访，可惜圆环附近这类吃食摊星棋罗列，不知究竟谁是百年老摊。由于无法遍尝，只好颓然而返，等找到识途老马，再去品尝。

台北市的牛肉面，经过好几位知味者品尝，一致认为万岁餐室的牛肉面不错。照台湾一般水准来说，他们几位的品鉴当然颇为允当，可是您要是吃过甘肃兰州马保子牛肉面，一比较就分出等次了。

民国二十一年，政府正准备开拓西北，财政部特派税务署长谢祺先到西北去考察财税以制定规划。他的机要是广东人，对西北各省风土人物固然茫无所知，惮于长途风霜跋涉，又嫌牛羊肉腥膻，所以这个随行记室，就落到我身上了。西北之行，到了兰州少不得先要拜访绥靖主任朱一民将军跟谷正伦主席礼貌一番。省政府就是当年左文襄经略西北，驻节兰州的藩台衙门，后面有座花园叫"节园"，水榭红廊，绿柳交融，雅有庭园之盛。船厅之中有不少名人题咏对联，都用桦木雕刻起来，悬挂四壁，以资保存。民国以后，甘肃省政府就把府后节园作为延宾招待处所了，我们因为宋子文部长的介绍，朱、谷两位特别关照，让我们下榻节园，因此得以尽情浏览壁上诗词字画。无意中发现先祖文贞公调任宁夏将军留宿节园时，跟当时巡抚唱和的两首律诗和一副七言对联。第二天朱将军得知我是文贞公之孙，愣说我们彼此有年谊世谊，可又说不出谊所从来，他既不说，我也就不便深问了。晚间他请我们吃全羊席，是特地邀请兰州第一把割烹高手胡贯一主厨做的。我吃过鳝鱼席、全蛇大会，全羊席可以说是第一次开洋荤。所谓全羊席，是用一只大肥羊从头到尾做出几十道菜来，什么烩头皮、清蒸羊脑、熘口条、炖羊眼、煨羊尾、红烧羊蹄，每一道菜的做法都有其特别之处，口味各异，加上兰州驰名的美酒五加皮，自然不觉其絮烦乏味了。我虽以好啖出名，可是食量不宏，每道菜吃一箸子，已经是醲觞尽醉了。谢公久居岭南，从未吃过如此博硕肥腯不膻的羊肉，一上来就觉得菜式味清而隽，放量大啖，菜刚五味，他已经眼馋肚胀不敢下箸了。后来回到上海，他跟人说这一次全羊席是他毕生所吃最美的一顿羊肉。

我们去西北考察，在上海出发之前，就听说兰州有一家天下闻名的牛肉面馆，叫"马保子"，这家小面馆就开在省府广场左首，走几步就到。当时民政厅厅长水梓、外交特派员黄朝琴都不时光顾。既到兰州，当然要去尝尝，又有水、黄两位向导，招呼得自然特别殷勤周到。马保子是一座没有招牌不挂门匾的砖砌的小楼，楼上待客，摆了几张小八仙桌、几把矮条凳儿，墙上倒是挂了不少名人写的对联条幅。此外除了碗筷、油瓶、醋罐之外，空无所有。这家小店世代相传，已有百年以上历史，所以楼梯扶手、方桌板凳都磨得锃光瓦亮，楼下厨房倒是收拾得挺干净，灶台旁边有一张长条案，上面放着一团一团有鸭蛋大小揉好的面剂子，放在一边儿醒着，让水面慢慢交融。面醒透了，抻起来圆转自如，吃到嘴里才劲道。他家的抻面共分六种，中常的叫"把儿条"，当地人最欢迎；最细的叫"一窝丝"，又叫"多搭一扣"，是老头儿小孩儿的专用品；薄而扁的叫"韭菜扁儿"；比把儿条再粗一点儿的叫"帘子棍儿"；还有"大宽""中宽"，那就近乎面片儿了。客人喜欢吃哪一种现叫现抻，又快又麻利。厨房里下面的大铁锅里水总是清澄翻滚的，十几碗面同时下锅，或粗或细，有圆有扁，虽然花色繁多，可是有条不紊，大师傅不像台湾下面，用一只竹编笊篱连挑带捞，他只用一双长点儿的筷子，一捞一碗，不多不少，分量、火候全都恰到好处。最妙的是任凭面条在锅里千翻万滚，但总不混杂，各自为政，从来没有人能在自己碗里挑出两样面条来的。据说这套功夫一要抻得匀，二要甩得快，三要捞得准，这三部曲看来简单，可是想学会这份手艺，手底下利落的也要学上三年才能胜任愉快呢，人家是父传子的生意，还不收外姓徒弟呢！

兰州的牛羊肉，因为风高草劲，肉嫩而肥，并且毫无膻气。马保子选肉严格，只用上品腿肉，肥瘦分开，全都切成骨牌块大小，头一天用小火炖上一整夜，绝不中途加水，更不放芹菜、豆芽、味精之类调味品，所以清醨肥柠，自成馨逸，汤沉若金，一清到底。大约从天蒙蒙亮下板营业，到了十一点一大锅牛肉汤卖完，就上板收市，请各位明日早光啊！水梓兄是本乡本土人，对马保子知道得最清楚，他家做生意眼光看得远，准备工作认真仔细，吃苦耐劳敬业不懈，拿他这种精神持之以恒，做什么生意也不会失败的。水兄这几句至理名言，我一直牢牢谨记，不敢或忘。岂止做生意如此，做人处世又何独不然？台湾现在卖牛肉面的大小面馆何止千百家，二三十年来此起彼仆，能够屹立不坠的又有几家？

暮云远树，翘首四望，想起天茫茫地茫茫、不见草木见牛羊的西北，旧情怀涌上心头。我想旅人久羁，都偶然会有这种说不出的滋味，大概就是所谓思乡病吧！

青海美馔烤牦牛肉

　　青海首府西宁，在湟水之南，古称湟中，是通往甘肃兰州的要地。青海以西，柴达木盆地，草木葱茏，华实蔽野，是绝妙的一处屯垦畜牧大草原。青海蒙藏同胞都信奉喇嘛教，他们皮肤近乎棕褐，穿着打扮也没有显著的差异或标志，所以外来的客人，往往把青海的蒙人误为藏人。其实青海蒙人是多于藏人的，境内的游牧民族属于额鲁特蒙古支属，他们所牧放的牲畜，除了牛羊之外，还有一种牦牛。

　　这种牛比一般牛只躯干伟岸，负重耐劳，牛身上的毛特别长，肚子下的牛毛，长可及地，有人拿来做拂尘。北平前门外打磨厂有专卖犀牛尾拂尘店铺，所谓犀牛尾，其实都是用牦牛毛冒充的（以前北平万牲园曾豢过一只，没过几年就成了动物标本室的标本啦）。牦牛的角比一般牛角长大细润，而且容易着刀。北平名金石家寿石工（玺），有一长方形小篆"狂狷之间"闲章，无论从刀锋、笔法、转折、顿错各方面观察，都看不出是牛角印章。不过用牦牛治印以四至五岁的牛为佳，此时牛角纹理细密，容易奏刀，过老则坚重挺韧，用偏锋时就不能圆转敏实、挥洒自如了。牦牛的毛不但长，而且轻柔韧暖，染色之后除了做枪饰、尘帚、帽缨之外，还可以织成厚呢，平整光滑，跟帝俄时代俄国出品的"卡拉呢"同样驰名。能御豪雨，能抗奇寒，而且坚固耐穿，穿着仔细的人可以终身不坏。笔者曾经做了一个单袍，是墨绿颜色，虽然拿现在眼光看，尺寸肥而且短，已经不合穿着，可是每年六月晒衣服时拿出来，遇风依然明净洵练，跟新的一样。

近几年来在台湾好像吃牛排的风气大为流行，大街小巷都设有牛排馆，牛排的烹调方法，固然种类繁多，各有巧妙不同。从煎烤的生熟程度上来讲，就有若干区别：有人喜爱外焦里嫩，肉上还要带点血筋的；有人要吃嫩而不带血的；有人虽然也爱赶时髦吃牛排，可是血淋淋的，又不敢操刀而割，往嘴里送，于是关照侍者，要煎得透点，结果端上来一盘乌焦的牛排，啃不动，切不开，请想这块牛排能好吃吗？

据此间吃牛排专家品评结果，现在在台湾吃牛排，应当把神户牛排列为首选。其实青海的烤牦牛肉醇厚丰润，如果烹调得法，恐怕神户牛排不一定能在人间争夸第一呢！因为在青海吃牦牛肉，既不用操刀挑筋选肌，更用不着加工揉上苏打粉软化，您只要割下一块手掌大小的肉，抹上当地特制的烹酱，在炭火上反复烤熟，炙得肉香四溢，大碗酒、大块肉，吃个尽兴。那种塞上英雄伉爽豪情，跟生在珠帘玉户，胸前塞着一方雪白硬挺的餐巾，裙展如云，银匝佐酒，倏然有度，慢慢咀嚼黑胡椒牛排的场面气氛，又大异其趣啦。

海心山只有一家汉人姓单的聚族而居，除了出外贸迁的以外，大约有百十口男女住在岛上，他们对于捉捕鳇鱼、饲养牦牛，个个都是能手。全族主持人，他们称之为当家的。这位单当家的仪容威重，谈吐清旷凝远，迥异尘俗。看他举止敏捷干练，不问可知是位武林高手。他说布咯河在封河之前，常有喜欢弄水的少年，在河边嬉戏、在河里游泳，这在藏族同胞看来，亵渎海神，如果个人遭受天谴，尚属咎有应得，万一海神震怒，祸延全境，将海他迁，那还得了？传说明世宗肃皇帝（嘉靖），不知因为什么事情得罪布咯河神祇，海的幅员，一夏天就缩小到周围七百里。蒙藏同胞都是笃信鬼神的，从此每年在春季开河举行一次祭典，每隔三年就联合蒙藏回汉各族，举行一次扩大祭海盛典，远至湟中兰州都有善信前来参加大祭。可惜笔者去非其时，没能赶上他们鹍冠黎屦、丝鞭檐伞、琳琅莹琇的祭典。单当家的虽订有后约，可是时局动荡，再睹盛世元音，真不知要何年何月啦。

鲜腴肥嫩的青海鳇鱼

古人说，读万卷书，不如行万里路。笔者平素好动不好静，所以对这句话非常服膺。中国幅员广阔，山南海北，去的地方倒也不算太少，只是青海一带向往已久，可是始终没有机会一履斯土。抗战前，碰巧有个机会到甘肃的省会兰州、青海的省会西宁公干，时届隆冬数九，地冻天寒，谁都愿意在家过个阖家团圆的舒服年，有了这种人弃我取、可遇而不可求的机会，自然是欣然束装就道、冒寒西行啦。

根据《地舆志》的记载，青海境内，内海有二十余处之多，海水柔弱，鹅毛都会沉底。有一处湖泊古称"鲜水"，汉人称它"西海"，蒙藏人叫它"库库诺尔"，是中国第一个咸水湖。传说在北魏时代幅员千余里，周围面积有六千四百余平方公里，有台湾现在面积六分之一强，浩瀚无际，其大可知。这个库库诺尔湖冬不枯竭，夏不漫溢，磅礴苍莽，绿云如海，支流二十余处。其中最大主流叫"布喀河"，河流中峣峑矗矗，叠嶂环抱，有两座连峰耸立、峻壁千仞、嵌奇突兀的海上仙山。东边一座叫海心山，传说唐代每年入冬封河之后，把名驹良骥牝牡相杂牧放此岛，明年得驹，必多骏异，世称龙种，所以岛也改名龙驹岛。西边一座叫海心西山，住有若干苦行潜修炼气悟道、奇才异能修士。平时因为山壤肥饶，奇果佳树，珍禽异兽，靡不毕备，所以穷石曲汹之间互不相犯，砬砬自守。当年武侠小说名家还珠楼主李寿民兄所写《蜀山剑侠传》里，对于海心山上亦仙亦侠人物的详细描述，大部分是他听一位藏族炼气士噶贡那彦图所说亲身经历，故事虽然光怪陆离，倒也并非全部虚构。

布喀河里出产一种鳇鱼，有人说鲟鳇一体，就是一种鳢鱼。东北松花江在同江县跟黑龙江会合的地方，也产鳇鱼，而且松花江鳇鱼的鼻骨脊骨又软又脆，非常好吃，可是细一品尝，其鲜腴肥嫩，就没法跟布喀河的鳇鱼相比了。大凡鱼虾一类鳞介水产，水温越低，肌理就越发细嫩甘肥，冬雪封湖，坚冰盈尺，也就是鳇鱼最肥硕细嫩的时候。

蒙藏同胞不嗜鱼腥，向不捕捉，所以捕鱼为业的都是当地的汉族。他们等湖上结冰逾尺，用一种尖头四棱带回钩的铁制钩连枪，当地人叫它"冰穿子"，在冰上凿几个或大或小的冰洞，洞口挂上几只红灯笼，就可放心回家睡大觉了。鳇鱼久蛰湖底，深感冰下凝沍不舒，看见灯亮闪烁，烛影摇红，自然征逐迈前，腾波鼓浪，跃出冰渊。蒙藏人士平素以牛羊肉为主食，因此除少数汉族外，平日河里鱼虾几乎没人捉捕，滋生繁衍数量极多，跃出冰窟的鳇鱼小者都有十斤以上，大者当然更重了。凿冰捉鱼的当地人说，如果碰上运气好，天气晴朗又赶上刮西北风，真有丈把长的鳇鱼随着鱼群蹦上来，不一会儿冰窟四周堆满了大小青鱼，冻成一座小鱼山。

鳇鱼的特征是鱼唇突出、骨软肉细，稍大一点的鳇鱼，鱼头里充满了鱼脂脑髓，比起我们日常吃的红烧鲢鱼头，还要腴美甘肥。这些湖泊河川，当地人一律称之为海，天地深广，芳草如茵。据说有几处海水盐分特别浓重，水呈深青色，跟从天津坐海船去上海，经过黑水洋海面一样阴森可怕。海里不胜舟楫，当地盐户引水上岸，用水晒盐；别处晒顶多黄白两色，可是青海盐湖不同地段晒出来的盐，分青红黑白四种颜色，盐的咸度鲜度虽然大致相同，可是水产就大有差别了。据说能产红黑盐的地区，无论鱼虾都是特别鲜嫩肥硕，笔者因为停留时间短暂，只好姑妄言之，姑妄听之而已。

甜牛肉就旋饼、薄饼卷小碗肉

　　不久前一把大火，把台北牛肉面的发源地桃源街烧得好惨，有些朋友跟我说，又少了一处吃牛肉面的地方啦！我说："我是'曾经沧海难为水，除却巫山不是云'。在一九四九、一九五〇年我曾经光顾桃源街吃牛肉面，那里餐具洗得太马虎，一水为净实在令人恶心。牛肉挑选则有欠精细，老嫩不一，而且过分油腻。最可怕是放上一两片湿漉漉的生菜叶子在碗里，如果是喷过农药的菜，准保没把残留农药冲洗干净，所以我只此一回，下不为例。"

　　谈到吃牛肉，武昌的牛肉豆丝，固然远

近知名，上海弄堂汽油桶的牛肉汤，倒也货真价实，腴而不腻。要说真正好吃要算洛阳吃早点的"甜牛肉"就"油旋"，晚饭"三翻一吹"的薄饼卷小碗肉。

洛阳人清早起来，讲究吃甜牛肉就油旋，我刚到洛阳，一听说吃甜牛肉恐怕吃不惯，正打算敬谢不敏，我的一位同学郑珍说："甜牛肉是清炖牛肉不放任何佐料，连盐、葱花都免了，初到洛阳的人总误会是放了糖或蜜，所以叫甜牛肉，你吃上几天可能还会上瘾呢！"我说："我从小喝惯清蒸牛肉汁，对于这天然鲜味，已经领略多年啦！清牛肉汤，只要不是甜的，准能合我胃口。"

油旋又叫"一窝酥"，是油烙的饼，饼中间有一块面头儿，用筷子夹起来一抖，马上松散，跟清油饼的做法一样。把饼泡在甜牛肉汤里吃，是洛阳早点中一绝，没尝过的人，是体会不出个中美味的。

晚饭不吃油旋，就要吃薄饼卷小碗肉了。

山东、山西、河南三省做面食，都是各有一套的。洛阳人烙薄饼，干湿软硬都拿捏得恰到好处，薄饼讲究"三翻一吹"，用擀面杖把面擀成直径两尺大小，往铛上一摊，真是翻三次加上一吹，饼就熟得蹦起来了。小碗肉是红烧牛肉，肥瘦适中，不油不腻，夹两块卷在饼里，一边吃一边吸，能让牛肉汁不流出来的，那是一等一的老吃客。我说这话时，有一位河南林县朋友在旁边，他说："我虽然是河南人，九岁就跟家人到台湾来了，洛阳有这么好的东西居然没尝过，将来回去，必要先回家乡尝尝甜牛肉就旋饼，才不枉自己是河南人呢！"

烩三袋、烧黄香管

有几位原隶河南籍而没到过河南的同学，跟我在茶艺馆煮茗清谈，他们只知道黄河鲤鱼在洛口以西逆流而上，想跳龙门，额头让急湍澎击得血迹殷然，名为"跃鲤点朱"，是河南省唯一名菜。至于此外还有什么名菜，他们就不清楚了。

我说："河南地处中州，开封旧名大梁、汴梁、汴州、祥符，是历代帝王建都之地，一直到南宋迁都临安，才繁华稍歇。谈到饮馔，自然含英咀华，腝滑珍美。"

开封有家登瀛楼饭馆，有"烩三袋"和"烧黄香管"两道名菜，是别处吃不到的。烩三袋是三种肚子烩在一起的佳肴，所说的袋，就是胃袋。他们把猪肚、羊肚头、牛肚领用碱水和面搓去脏气，然后清洗干净，用鸡汤煨至极烂，然后用笋片火腿来烩。据说当年慈禧皇太后尝过之后，也连连称赞，回銮返京指名要御膳房做。御膳房试过几次悉难称旨，可见这道菜必定有其独特之秘，现在恐怕已经失传了。

"烧黄香管"是袁寒云住在中南海流水音时，他的小厨房的一道名菜，跟脊髓同烧，脆而且爽，堂馔丰余，自然是外间吃不到的。据说易顺鼎对于这道菜极为欣赏，可是始终不知道黄香管是什么。后来袁的幕客陆增炜把这个秘密告诉了江东才子杨云史，杨在东兴楼请客，特地让东兴楼头厨做过一次，果然雁齿麖舌，别有香脆。这不传之秘，才宣扬外间。所谓黄香管不过是蚯喉食道，经过陈绍酝润而得，火功到家，自呈香脆。登瀛楼主厨老曾独得袁厨之秘。自从老曾过世，这个冷门珍味，河南馆子没有别家会做，这道菜现在恐怕也失传了。

黄河鲤鱼三吃

现在台湾北方饭馆都喜欢拿一鱼几吃来号召，其实如果是两斤以下的鱼，掐头去尾，两吃也好，三吃也罢，实在是没有什么鱼肉可吃了。

在大陆时舍间每年都是用活鲤鱼祭天，然后放生。在清代有功名人家，鉴于鲤鱼跳龙门的传说，家里都不吃鲤鱼。我十五六岁在偶然场合，第一次吃到鲤鱼，觉得皮厚肉粗，还有一股子土腥味，因此对鲤鱼毫无好感。有一年到河南开封勘察河工，当地士绅刘平一，做了一桌地道河南菜请我们品尝黄河鲤，吃完之后才吃出鲤鱼的滋味来。刘平一先生说，吃黄河鲤鱼以开封一带的最为滑美清妙，黄河之水从豫西高地滚出，到了开封突然降为平原，河泥淤积，里面蕴藏的幼虾鱼秧，都是河鲤的美食。鲤鱼食足水缓，自然养得又肥又壮。当地人管三斤以下的鲤鱼叫"拐子"，三斤以上的鲤鱼才可以上酒席呢！

开封饭馆买回鲤鱼来，要在清水池子里养个三两天，把土腥味吐净，才能捞出来收拾下锅，堂倌并且先要把鲤鱼给客人看过大小肥瘦，然后问您怎么吃。开封名庖都知道鲤鱼的筋特别坚韧，必须抽去大筋，肉才鲜嫩好吃。一鱼三吃，是开封鲤鱼固定吃法，一半干吃，一半糖醋瓦块，头尾鱼杂加萝卜丝氽汤，最后把糖醋汁儿拌一窝丝面条吃，跟杭州西湖醋鱼拌面吃有异曲同工之妙。河南人说话本就礼貌周到，饭馆堂倌对待客人就更客气，对人总是尊称"您老"，等看妥鲤鱼，说好做法，他把鲤鱼往砖地上使劲一摔，总要说一句："摔死了！您老！"初履斯土，听了觉得有点儿别扭，住久了也就习以为常啦！

陕西珍味夸三原

好啖的朋友凑在一起，聊来聊去就聊到吃上来了，有人说江浙菜滑美甘纯，有人说川湘菜臕浇芳烈。其实各省都有几样自成馨逸的拿手菜，只是我们没有见过，没有尝过而已。

就拿陕西来说吧，一般人总认为陕西地处边陲，风高土厚，讲到吃不过是大锅盔、牛羊肉泡馍一类粗吃，一定是很浓厚的西北风味，无论如何比不上南馔珍味。您若是吃过于右老家乡三原上等酒席，您就要自惭所见者少啦。

一般人常说：陕西接近西北边陲，鱼龙

虾凤，当地人以牛羊肉为主要菜肴，殊不知陕西全省唯独三原早年禁止屠牛，一直到民国初年这一传统渐渐废弛，三原城内才有牛肉卖了。

有人管三原叫陕西的苏州。三原的酒席叫"红案"，面点叫"白案"，像天福园、明德楼、宾和园、荟芳斋专门包办喜庆宴会，不卖小吃，每家都有一两样拿手菜。天福园的海尔髈其实就是冰糖肘子，可是其烂如泥，入口即化，谁家也做不出来。明德楼的搅瓜鱼翅，据掌厨的张荣说，名字叫鱼翅，实际是搅瓜丝，把搅瓜擦成透明的细丝，素菜荤烧，再一勾芡，谁也不敢说不是鱼翅。这是于右任的亲授，后来渐渐流广，一般人家也有这道素鱼翅吃了。宾和园有一个菜叫"白凤肉"，是用花椒、盐水焖烂的，很像镇江的肴肉，拿来夹马蹄饼吃，肥而不腻，颇可解馋。荟芳斋专门做素席，纯粹净素，菜里葱、蒜、韭菜一律剔除，就连味精也不用，茹素的人可以放心大嚼。

笔者民国二十一年到三原正赶上当地巨绅党崇安接新姑爷回门，席面上四海味、四冷荤、四干果，正当中放着径尺空盘子，入席之后，除了四干果之外，海味冷荤一起倒在大空盘子里拌搅飨客，还有个名堂叫"十三花"。这是三原仅有别致吃法，现在回味起来，还觉得众香洋溢，其味醇美呢！

一桌标准江苏菜

梁均默先生生前说过，国民党元老中美食专家有两位，"一位是谭组庵先生，一位是陈果夫先生。谭知味而不知养，陈则味养兼知，允推个中高手"。梁老这两句话，可以说是知味之言。

前几天跟梁实秋教授聊天，他希望我把各省各县的名菜，分门别类，撷精取华，制定出有代表性的中国菜谱来，这跟当年陈果夫先生主持江苏省时一套理想完全吻合。历来流行的菜肴，分山东菜、广东菜、江苏菜、湖南菜、四川菜等，菜式固然没有一定标准，也不能代表某一省菜的精华，尤其江苏省的江南、苏北一江之隔，不但口味各异，就是浓淡甜咸割烹方法，也迥不相同。所以果夫先生主张先从江苏省下手，他计划把江苏省辖各县有名的拿手菜汇集起来，定为"县菜"，由县菜妙馔佳肴中选出省菜，再由省菜中评选出各省精英，制定"国菜"，春夏秋冬四式，一经订定它就代表中国最高烹饪艺术。

陈果夫主政江苏时期，曾举办过一次江苏全省物产展览会，指定江苏省建设厅主持其事，镇江商会会长陆小波、中南银行胡笔江行长都是筹备委员。那次物产会规模庞大，事情是千头万绪，陆、胡二位都是商场上的大忙人，知道笔者是个馋人，所以有关遴选剔择江苏菜，属于他们两位应行负责的部分，一定邀我给他们分分劳，所以我不但躬逢其盛，而且饱饫芳鲜、遍尝美味。当时评选江苏菜曾制定三项原则：第一"是江苏省内各县众所咸知的名菜"；第二"必须江苏出产的原料，纯粹江苏的做法"；第三"要充分表现出江苏独特的风味格调"。最后经过一个多月的调配遴选，终于在物产展览大会开幕的那一天，在省府餐厅开出一桌大家精选的标准江苏菜来。

当时会场的家具陈设、花树盆景，以及茗碗樽瓯，都是请教过江苏耆宿名流，如姜堰韩紫石、苏州张一麐各位前辈加以指点安排的，所以筵宴景色都能嗅得出嘤嘤喈喈江苏乡土风味来。待客是采用碧螺春、雀舌、水仙、贡茶四种，都是太湖一带名产香茗。尤其阳羡（宜兴）贡茶，早在唐宋时期就列为贡品，若不是参与这次盛会，真不知道宜兴茶山还出产如此芳香甘洌的好茶呢！此外，茅山的茅丽茶、牛首山的云雾茶、无锡的惠泉茶，平日都被山上的僧道视为珍品，等闲是难得一尝的。

泡茶讲究火候和器具，但是最主要的还是水。唐人张又新把中国境内适于泡茶的水排列名次，江苏省境无锡惠山寺石泉水（第二），苏州虎丘寺石中泉（第五），扬子江焦山脚下江心泉（第七），都是上榜的名泉，可惜当时只顾饱饫茶香，忘了问问主管茶事的人，那席盛馔泡茶用的是第几泉了。

江苏佳酿有宿迁大曲（俗称"洋河高粱"）、海门的红葡萄酒、金坛的黄金酒、南翔的郁金香、川沙的绿豆烧、里下河的净流泡子酒、孝陵卫产的一种甜酒叫卫甜，五蕴七香，倒也称得上浓淡悉备。

至于菜式方面如六合鲫鱼嵌肉，南通清汤鱼翅，上海圈子秃肺，如皋火腿冬瓜盅，扬州狮子头、煮干丝、什锦酱菜，镇江清蒸鲥鱼、肴肉，南京冬笋炒菊花脑儿、小肚板鸭，枫泾红焖蹄筋，无锡富贵鸡、肉骨头，苏州酱肉熏鱼、炝活虾，常熟酱鸡、酱排骨，昆山阳澄湖大蟹，太仓酥炒肉松，江阴凤凰包鸡，淮城红烧大乌参，泰县脆鳝、烧鱼，高邮双黄咸蛋，不下三十多种盛食珍味，就是每种浅尝辄止，也无法一一遍尝。最后压桌菜是陈果老研究出的"天下第一菜"。

果老平素主张上味妙馔，除了补益身体外，还要备具色香味声四个条件，他这道天下第一菜，是先把鸡汤煮成浓汁，虾仁番茄爆火略炒，加入鸡汁轻芡，油炸锅巴一盘，趁热浇上勾过芡的鸡汁番茄虾仁，油润吐刚，声爆轻雷，列鼎而食，色、香、味、声，四者悉备，既中看又中吃。据果老阐述："鸡是有朝气的家禽，虾是能屈能伸的水族，原料鸡、虾、番茄、锅巴四样，动物两样植物两样，植物中一红一黄，动物中一水一陆，都是对称的，同时这道菜既富营养，价又不昂，的确称得起天下第一菜。"后来抗战军兴，政府内迁，有人把这道菜叫成"一声雷"，由雷声演变成轰炸东京，想不到这道天下第一菜，后来还变成菜之时者呢！

江苏省的菜肴，固然是水陆珍异、佳肴万千，以甜咸面点来说，更是甜酥松脆、珍错杂陈，例如淮城汤包、常州菜饼、扬州蜂

糖糕、苏州枣泥饼，青精玉乳，没法一一列
举。当时有人提议，把江苏出名的点心也选
出十种二十种来，列为上味珍品。可是当时
人手不足，时限又极匆迫，只好暂时作罢，
留待将来评选。这一桌盛筵开处，每道菜都
经过若干美食者品评，所以众口难同，说者
各异。那一桌盛馔，遗珠漏失在所难免，或
尚不足代表江苏省菜，可是现在想起来，倒
觉五蕴七香其味醰醰，令人不胜向往呢！

春江水涨刀鱼肥

　　前两天陈嘉骥先生在"万象"版写了一篇《松花江冰下网白鱼》，把渔把头钻进冰窟窿里拉网钓鱼的情形，写得绘影绘声，同时把冬天松花江白鱼（当地人又叫它冰窜儿）细嫩鲜美刻画无遗。我想凡是吃过松花江白鱼的人，看了之后口水都要直流。

　　中国人吃鱼讲究焦山的鲥鱼、松花江的四鳃鲈、浔阳江的活鳜鱼、松花江的大白鱼，这四种鱼被称为鱼中四大隽品。其实要论鱼肉细嫩滑润，这四种鱼肉的细嫩，都要逊刀鱼一筹。刀鱼本名鮆鱼，又叫鲚鱼，鱼身狭长，两侧窄薄，极似尖刀，所以才叫刀鱼。

太湖出产的刀鱼，鳞细色白，通体如银，比天津卫河的银鱼还要白亮，太湖渔家叫它湖鲚，还不算刀鱼中的上品。最好的刀鱼，是产在江海交汇的海域，江苏的瓜州一带，四月底五月初，回游到里下河一带，这时候春江水涨，正是膘足肉细、甘肥适口的最好时光。无论怎样烹煮，都没有腻滞成糜、碍口不爽的情形。古人说，鲥鱼多刺，海棠无香，曾子固不能诗，是世间三大憾事。口之于味，当然各有不同，以在下吃鲥鱼品尝所得，鲥鱼之妙，妙在附鳞之肉，蕴有油膏。这部分鱼肉确极腴美，可是其他部位的鱼肉则粗糙滞涩，别无可取之处。

少年时曾跟三五友好，自己操舟在焦山江面捕得鲜鲥鱼，立刻在船上割烹下酒，那种刚出水的鲥鱼，可以说是最新鲜的鲥鱼了吧，可是仍旧有鱼肉太粗的感觉。古人常把鲥鱼多刺列为憾事，其实鲥鱼的精华就在鳞，冗刺虽多，倒也无碍。可是刀鱼就不同了，全身密密茂茂尽是细刺，刺越多的地方肉越细嫩。北方吃鱼，除了天津人的技巧可以媲美江浙人士外，多数北方人对于多刺的鱼，都是望鱼兴叹，莫可奈何的。

有一年在扬州某次宴会上，座客都是美食专家，又赶上刀鱼季，笔者夸赞刀鱼的肉实在太鲜美了，可惜细刺太密，令人无法享受。同席谦益永盐栈经理许少浦君，即席约定第二天在盐栈早茶吃刀鱼面。届时共有七八位客人应约而来。扬州人吃东西一向是斯斯文文的，可是吃面用的碗可真不小，比北方的小海碗稍微秀气点，每人刀鱼煨面一大碗（煨面仿佛北方的烩锅儿面）。玉润鹅黄，剔好的刀鱼肉，每碗上都是铺得厚厚实实，照我估计每碗差不多要七至八条的刀鱼肉才能铺满。

当时我觉得非常诧异，哪儿来的若许厨子专剔鱼刺？后来有一位盐栈执事透露，刀鱼刺多冗细甭说没法剔，就是剔也没法剔得一根刺不漏，刀鱼剔刺，有一个巧妙方法，困难问题自然迎刃而解。刀鱼面最好以上等口蘑吊汤，取其清逸湛香，加入少许京冬菜红烧，选一大铁锅，用木质锅盖先拿碱水清水洗净，把生橄榄（又叫檀香青果）榨汁，在锅盖阴面涂抹几遍，然后把烧好的刀鱼，排列锅盖阴面。另用细竹片分头中尾三段，把鱼嵌牢，不让整条滑脱，锅里放下烧鱼原汁略注鸡汤或高汤，随后把锅盖盖严。大约经过一小时，鱼肉经滚汤热气蒸熏，自然全部掉到汤里，整条鱼骨头，仍旧完完整整粘在锅盖阴面。用这个方法做的刀鱼面，可以放心大啖，就不必担心鱼刺卡喉啦。

后来曾经依法炮制，历试皆然，从此每逢刀鱼季节，总要大啖几次。现在栖迟海隅，虽然偶或有刀鱼卖，台湾刀鱼也微蕴甘香，可是肥腴醇厚比大陆的刀鱼，相差太多了。望风怀想，立刻引起无限乡思。

扬州的富春花局卖花木、卖面点

　　大凡去扬州逛过瘦西湖、平山堂、五亭桥、梅花岭的朋友，少不得也要拨冗光顾一下大名鼎鼎的富春花局，品尝一下扬州面点到底滋味如何。笔者当年因为业务上关系，每年总要去一两趟扬州办事，一到扬州钞关，总是把行李叫人先送到住处，就一脚直奔富春品茗小酌一番，稍解征劳，然后再行公干。

　　富春原本是卖花木盆景的花局，所以后来虽然富春以面点驰名苏北，可是门匾一直保留水磨砖镂镌"富春花局"四个大字。据说富春花局因为地势轩敞，穿廊圆拱，除了栽种蒔葩异卉之外，打算兼售面点以消永日。

想不到久而久之，面点生涯蒸蒸日上，卖花木盆栽反而成了副业啦。

扬州有钱有闲的人很多，加上文人词笔的渲染，历代帝王的轩辇清游，自然而然对于饮馔之道，酥酪醍醐，精益求精了。在扬镇一带，面点馆是一面品香茗吃点心，一面谈生意的场合，所以面馆必须要准备经久耐泡的好茶，才能拉得住主顾。富春的茶叶，耐久经泡，是久负盛名的，他家茶非青非红，既不是水仙香片，更不是普洱六安，可是泡出来的茶有如润玉方斋，气清微苦。最妙的是续水三两次，茶味依旧淡远厚重，色香如初。

有一次笔者正在浅斟啜饮，怡然自适，想不到上海大中华电影公司名导演徐欣夫偕同顾氏双姝梅君兰君也翩然莅止。他们三位对于富春的茶，都有偏嗜，因为在金焦拍摄电影外景，特地从镇江赶过江来品茗吃点心的。欣夫说："富春的茶叶，是富春老板亲手

调制的，用六七种茗茶羼合而成，以辕门桥
金吉泰的绿茶为主体，其余几种是分别在几
家茶庄买来，而后照不同分量匀兑合成的。①
这是人家悉心精研的秘方，咱们是学不来的。"
如此说来，无怪有若干茶客对富春的茶特别
欣赏赞美了。

富春花局的建筑虽称不上什么紫翠丹
房、雕楹曲槛，但是柳色荷香，绿榕苍松，
倒也布置得井然有致、古拙多姿。扬州跟苏
锡镇宁等地一样，都是讲究吃早茶的，所以
每天清早到中市，城厢的三教九流，杂沓纷
来，履舄交错，来晚就要向隅的。因为流品
庞杂，基于物以类聚的定理，每天常来的茶
客中有告老时贤、颐养天年的老封翁共聚一
厅，携扶杖，全是些耆年皓首，茶客公锡尊
号曰"老人堂"。有些簪缨家世玩日愒月的
一群花花公子，所到之处人影衣香，花光酒

---

① 此茶即"魁龙珠"。

气，他们也以一处豁亮敞轩当聚会笑谑的场所，大家也锡以嘉名"育幼院"。有些阛阓中人，踩行盘，谈交易，耳语呢喃，虚矫恫喝，姿态各异，争在毫芒，这些人过分嘈杂扰攘，知道茶客嫌他们讨厌，所以也另辟东厢一室，自称"交易所"。西厢有一竹栏小榭，高雅无华，比较清静，就成了双双情侣谈情说爱的场合了，当年周瘦鹃称之为"鹣鲽廊"。他说上海乔家栅汤团店有一"鸳鸯小阁"，跟"鹣鲽廊"贴切典丽，二者可以比美。想不到他在《新闻报》"快活林"副刊一发表，"鹣鲽廊"倒出了名啦。

富春中厅四面有窗，比较开阔，凡是不属于四者的茶客，堂倌多半都接待在这个厅里吃喝，上海闻人小辫子刘公鲁，叫这厅为"大杂院"，也算名副其实。

富春花局每天冠盖云集，觥筹交错，品类驳杂，因为各有泛地，所以秩序井然。茶客们的茶刚一沏好，就有些卖卤牛肉、卤胗肝、酱鸡、酱鸭、花生、瓜子、蚕豆、酥糖的小贩，提筐挎篮围了上来。人家富春老板慈祥仁厚，抱着我吃肉你喝汤的心理，任凭他们川流来往，挨桌兜售，从不驱逐。甚至卖烟嘴、烟盒、梳子、篦子、耳挖、牙签也羼杂其间，外地游客到此，目不暇给。这跟武昌黄鹤楼上茶馆，有人拿着搪瓷盆兜揽给客人烫脚修脚，同时蔚为茶馆中奇观。

朋友们到富春吃茶，少不得先来一卖（一客叫一卖）干丝。扬镇的干丝松软细嫩，刀口绝佳，当年扬州面点馆的学徒，一磕过头穿上围裙，第一件事就是要学切干丝，切干子（扬州管整块未切的干丝叫干子），要等干丝片得厚薄一样，切得长短划一，才能进一步学其他的手艺呢！扬州当地老资格的茶客请朋友吃茶，有个不成文的规矩，要请场面上的朋友，表示尊敬冠冕，必定要个煮干丝，客人表示谦让，还要来上一句"烫个算了"。至于请一些比较熟识、不拘礼数的熟人，多半改煮为烫了（所谓"烫"就是北方"拌"的意思）。不管煮也好，烫也好，谈到面上浇头，花样可多了，老一辈的吃客能叫出十多样来。当年名小说家李涵秋一碗面上能叫出二十几字的浇头，真是洋洋大观。笔者到富春，总嫌煮干丝油水太厚，不够清爽，喜欢叫一卖鸡皮脆鱼浇的烫干丝。鸡皮腴而不腻，脆鳝酥而不焦，配上润气传香的干丝，可以说宜茗宜酒的小馔。不过要是碰上自命扬州大佬请吃茶，可就惨了，堂倌也摸清了他们好排场讲面子的习性，一手奉上干丝，背后还藏着一小碗重重麻油的调味料，堂倌表示老尺加一，还要来上一句，"知道是您老要的，自然加工加料"，然后把这碗麻油调味料往干丝上一浇，主人固然是满脸光鲜，面子十足。可是像我们这些一向口味清淡，吃不惯重油厚味的客人，实在无福消受。虽然美馔当前，只好浅尝而止，说什么也不敢恣意大嚼，否则库不存财，尽跑厕所了。

翡翠烧卖、翡翠蒸饺也是富春面点中的隽品，既名翡翠，自然是一种甜点，玉果柔滑，溶浆碧绿，富春所制说它味压江南，确也当之无愧。上海精美食堂以淮扬面点来号召，红白案子的做手，确也都是从淮扬重金礼聘而来，除了所做枣泥锅饼不大走样，足堪跟富春比美外，至于翡翠蒸饺，论滋味、论形态，就没法跟富春相提并论啦。

富春有两种面固然一般面馆不预备，就是富春也要应时当令才能吃得到呢！每年到了野鸭季节，他家有一种野鸭煨面应市。上海有名中医师夏应堂、张聿鏖，对于年高体弱的老人，总劝人多吃野鸭，说是可以益气补中，所以野鸭煨面成为食补双佳的美味。富春在野鸭季儿，每天准备的数量也不会太多，要看当年野鸭进货多少而定。有一年左卫街一家盐栈，在富春请些外路客人吃野鸭煨面，头一天还到富春特别关照过，结果第二天端上来不过二十碗左右，就没法再添了。

蟫螯白汤面，汤是用鳝鱼骨头熬的，所以下面的汁水其白胜雪，汤浓味正，腴不腻人。泰县大东酒楼白汤肴蹄面，泌浆赛乳，味醇肉烂，两者在苏北里下河一带，同是脍炙人口的面点。不过以我们外人来说，总觉得螯面鲜腴而爽，肴蹄面醇滑脂厚，浅尝则可，食尽一器，则势所难能了。

在大陆除了各大都市外，大小乡镇真有些清朴淳古、渊雅出尘的茶楼酒肆，像苏州的吴苑啦，扬州的富春啦，都是格调别具，意境特殊的。

扬州富春的野鸭灌汤和茗茶

我们江苏扬州人最讲究享受，早上到茶馆吃早茶，午饭后到书馆听说书，晚饭后到澡堂子洗澡，这可以说是有钱有闲阶级最大的乐趣。

扬州茶馆大大小小有近百家左右，如金桂园、金魁園、富春茶社都是个中翘楚，其中尤以富春茶社远近驰名。

富春茶社最初是一家花局子，培植了不少中国兰花，并且收罗了若干名贵的秋菊，扬州的文人雅士都喜欢到富春来瀹茗赏花。花局主人陈步云研究出用浓厚的绿茶魁针跟极品的龙井调合起来，放在双层瓶盖的锅罐里溶润半年以上才拿出来烹茶待客,不但茶味醇浓,而且入口甘沁,温淳浥浥。有一位不修仪容的名士金驼斋带了几个教场口的牛肉包子去富春赏花品茗,谁知一边吃包子,一边饮富春的特制香茗,竟发现包子配香茗别有一番滋味,于是一传十十传百,会吃的人都带了包子去喝茶。陈步云灵机一动,既然包子配茗茶如此受欢迎,何不做几样点心来卖呢?谁知他家做的点心越做越精致,比扬州其他有名茶馆的面点还叫座,于是他索性把花局改为茶社了。

富春的生肉蒸饺、翡翠烧卖、回笼烧卖固然特别出名,秋冬之交,他家的野鸭灌汤包,更为可口。他把肥嫩野鸭炖化了,去皮退骨,把鸭肉茸和在猪肉馅儿内(野鸭是用网子捉捕的,猪肉是选不足百斤的小猪仔肉)做成包子,在封口之前注入炖鸭汤汁。蒸好之后,一定要用调羹舀着,然后入口细嚼,否则汤汁流失,味道就逊色多了。外路人来吃野鸭灌汤包，不会吃的人，往往烫了舌头，弄脏衣服还没有吃到卤汁俱全的灌汤包呢。

有一年野鸭上市不久，电影界闻人徐欣夫陪着影星顾兰君、梅君姐妹在镇江的金山、焦山出外景，兰君是有名的吃客，要徐欣夫陪她们过江来吃野鸭灌汤包，她们在富春一叫野鸭灌汤包就是两笼，吃饱之后还直说没过瘾，从此影剧界都知道扬州富春野鸭汤包是无上隽品。后来上海开了一家精美餐室专卖淮扬点心，野鸭上市也添上野鸭灌汤包，第一野鸭是用沙子枪打，又无法买到小仔猪，做出来的灌汤包自然不如富春的灌汤包地道啦！

蜂糖糕和翡翠烧卖

我虽然是地地道道的北方人，可是小的时候，跟随家人经常在大江南北跑来跑去，所以对扬州、镇江以及里下河一带荤素甜咸各式各样点心，吃得不少，因此印象也深。来台若干年来，每一县市都有以淮扬面点为号召的大饭馆，可是有几样面点，始终没见哪家饭馆卖过，每次跟苏北朋友小酌，谈起这几样面点，大家都有早点回到故乡，一饱馋吻的想法。

提起"蜜糕"，可算是一件有历史性的甜点了，而且除了扬州，还没听说哪儿有卖蜜糕的。据扬州父老传说，五代时合肥杨行密（在唐昭宗时候，曾任淮南节度使，因为他仁厚渊识，深得庶民爱戴，后封吴王，在位十五年）酷嗜蜜糕，因为"密""蜜"同音，大家避他名讳，又因糕发好后蜂窝累累，所以改叫"蜂糖糕"。现在年轻一辈的苏北朋友，说蜂糖糕有的吃过，有的听说过，要是说蜜糕，下一代的青年人知道的恐怕少而又少啦。

扬州有一盐商联合办事处，叫四岸公所，盐商精于饮馔是出名的。扬州盐商因为乾隆皇帝三下江南，巡幸扬州，盐商们供应皇差，一切称旨，所以他们大宴小酌，灵肴珍味，玉食争香，早就驰名全国。他们治事之所，有位大师傅，做蜂糖糕非常有名。笔者吃过那里做的蜂糖糕，当时年纪还小，记得一块蜂糖糕比十二寸的蛋糕还要大，可能是笼屉有多大，糕就配合笼屉大小而蒸的，所以糕的大小，是跟笼屉大小相吻合的。当时只觉着糕一进口，松软香甜，用不着咀嚼，是甜点心里最好吃的一种而已。后来每次去到扬州，因为小时候对蜂糖糕的印象特深，所以必定吃一两回，而且还要买几块带回北平馈赠亲友。

我在扬州，多半是住左卫街的"如来住"，离住处不远，有一家五云斋，听说他家做的蜂糖糕在扬州来说是首屈一指的，后来东伙发生争执宣告收歇，辕门桥有一家麒麟阁就继之而起大享盛名了。麒麟阁是一家经营南北杂货的茶食店，并不是专卖蜂糖糕的，可是因为他家蜂糖糕做得精致，反而以蜂糖糕而驰名京沪了。

当年上海以扬镇菜肴细点为号召的饭馆餐厅很多，可是上海的扬镇饭馆，还没听说哪家有蜂糖糕卖的。后来开了一家"玫瑰食谱"，专门以扬州面点招徕顾客，自认不卖蜂糖糕为美中不足，于是派人到扬州麒麟阁想把做蜂糖糕的大师傅花几倍的工资挖到上海来，可是人家重义轻利毫不动心，竟然一口回绝。人家说得好："年近古稀的人，有碗粗茶淡饭就算了，还想赚什么大钱？如果为了多弄几文，还把老骨头捌到异乡，那才划不来呢。何况老东家待我不薄，就在家乡吃碗安稳的太平饭吧！"这件事是扬州闻人潘颂平亲口说的，此话料想不假。由此可见，当年老一辈的人，论交情讲道义、一诺千金的作风，的确是令人钦敬的。

究竟做蜂糖糕有什么诀窍呢？据富春茶社陈步云老板说："面粉要用细箩多筛几遍，同时发面要用真正的面肥（北方叫起子）。如果用发粉一类发酵剂发面，蒸出来的蜂糖糕，就像广东的马拉糕，发虽发得不错，可是吃到嘴里，味道就差劲儿了。"陈老对于面点研究有素，所说的话是经验之谈，不是随便说说的。

有一年舍亲李振青先生晚年得子，小孩弥月，正赶上农历九月十九日观世音菩萨成道佛辰，汤饼张筵，全用素席，甜点是净素蜂糖糕。起初我以为蜂糖糕，一定要有猪油丁才能腴润鲜美，哪知人家素糕，不用猪油丁而用肥硕的大松子仁，吃到嘴里，甘沁浥润，比起荤糕另是一番滋味。李振老说，早些年，多子街大同茶食店做的净素蜂糖糕别具风味，是茹素朋友所吃茶食中隽品，推潭仆远，这种洵美的佳味已不可得。现在我们吃的素糕，也不过是慰情聊胜于无罢了。

近来每逢跟苏北的朋友凑在一块儿聊天，一谈到吃，凡是喜欢甜食的就会想到蜂糖糕。大家认为蜂糖糕固然好吃，可它并不是一道需要什么特别手艺的点心，何以在台湾就没有人做呢？话说了不久，有一位舍亲居然送了我一块蜂糖糕，据说是一位扬州知名之士家厨特制，形状滋味，都还不差。大概因为老年人怕影响胆固醇跟血压，忌吃太油太甜关系，所以感觉油糖略少，口味略轻，但饱啖之余，犹觉其味津津。

翡翠烧卖，北方人叫"烧卖"，扬州人叫

"稍麦"。我第一次吃南方的翡翠烧卖是在扬州教场的月明轩。北方人吃甜的蒸食，在习惯上来说，多半是以发面的居多，至于烫面、死面做甜馅儿的蒸食，可以说少而又少。

敝友胡国华兄服务税务稽征机构，在扬镇一带算是叫得响的人物。他是月明轩每天必到的老主顾，所以从老板到堂倌，与胡四爷都有交情，见了面都显着特别近乎。胡兄请我在月明轩吃早茶，一进门就告诉堂倌，我是刚从北平来的，做一笼翡翠烧卖，让我尝尝扬州名点。人家是吃过见过的，让案子上好好做。这一关照不要紧，这笼点心自然是特别加工细做啦，烧卖馅儿是嫩青菜剁碎研泥，加上熟猪油跟白糖搅拌而成的，小巧蒸笼松针衬底，烧卖褶子捏得匀、蒸得透，边花上也不像北方烧卖堆满了薄面（干面粉，北方叫薄面）。我有吃四川青豆泥的经验，它外表看起来不十分烫，可是吃到嘴里能烫死人。夹一个烧卖，慢慢地一试，果然碧玉溶浆，香不腻口，从此对烫面甜馅儿蒸食的观感有了很大的改变。不过，这种甜食固然太烫不能立刻进嘴，可也不能等冷了再吃，否则油滞馅儿僵，味道就差了。

上海后来开了一家精美餐室，是扬州人经营的，什么豆沙豌豆蒸饺、野鸭菜心煨面、五丁虾仁包子、枣泥锅饼，凡是扬州面点，可以说应有尽有，而且都做得精致细腻，滋味不输扬州几家面点馆的手艺。只有翡翠烧卖一项，虽然贴了翡翠烧卖不久应市的预告，可是始终没拿出来应市，究竟是什么缘故，虽然不得而知，据猜想大概不外师傅难请吧！

扬州名点蜂糖糕

最近扬州菜在台北好像很走红，以淮扬菜肴为号召的饭馆、扬州餐点的小吃店，接二连三开了不少家出来。可是走遍了台北市，那些饭馆或是小吃店，都没有蜂糖糕供应（在扬州也是茶食店才有蜂糖糕卖）。

扬州的面点虽然有名，可是十之八九，都是从别的省份传过来的，例如扬州干丝，是全国闻名，可是做干丝的豆腐干，讲究用徽干。顾名思义，徽干的制法，是从安徽传过来的。千层油糕、翡翠烧卖，就是光绪末年，有个叫高乃超的福州人，来到扬州教场开了一个可可居，以卖千层油糕、翡翠烧卖闻名远近，后来茶馆酒肆纷纷仿效，久而久之，反倒成为扬州点心了。

谈到蜂糖糕，来源甚古，倒确乎是扬州点心。传说蜂糖糕原名"蜜糕"，唐昭宗时，吴王杨行密为淮南节度使，他对蜜糕有特嗜，后封吴王，待人宽厚俨雅，深得民心。淮南江东民众，感恩戴德，为了避他名讳，因为糕发如蜂窝，所以改叫蜂糖糕。后来有人写成丰糖糕，那就讲不通了。蜂糖糕不像广东马拉糕松软到入口无物的感觉，更不像奶油蛋糕腻而厚腻的滞喉。蜂糖糕分荤、素两种，荤者加入杏仁大小猪油丁，鹅黄凝脂，清美湛香，比起千层糕来，甘旨柔涓，又自不同。

民国二十一年，笔者到扬州参加淮南食盐岸商同业会会议，会后中南银行行长胡笔江兄，叫人到辕门桥的麒麟阁买几块蜂糖糕，准备带回上海送人，我也打算买几块带回北平，让亲友们尝尝扬州名点蜂糖糕是什么滋味。谦益永盐号经理许少浦说："蜂糖糕以左卫街五云斋做的最好，后来东伙闹意见收歇，麒麟阁的蜂糖糕才独步当时，他们的师傅都是盐号里帅厨子的徒弟教出来的。帅厨现在虽然上了年纪回家养老，可您要是让他做几块蜂糖糕，老东家的事，他一定乐于效力一献身手的（帅厨子是先祖当年服官苏北所用厨师）。"

果然在我会后回北平的时候，帅厨真做了几大块蜂糖糕送来，我因携带不便，送了两块给陈含光姻丈尝尝。含老精于饮馔，他说当年辕门桥的"柱升"、多子街的"大同"所做蜂糖糕，都比麒麟阁高明，可惜货高价昂，两家相继收歇，前若干年就听说帅师傅的蜂糖糕独步扬州，可惜未能一尝，引为憾事，想不到若干年后，竟然能够吃到。元脩遗绪夙愿得偿，果然风味复绝，与时下市上卖的蜂糖糕味道不同，高兴之下，立刻写了一幅篆联相赠。若不是蜂糖糕之功，想得此老墨宝，三五个月也不一定能到手呢！

抗战之前，有一年秋天，我在扬州富春花局吃茶。花局主人陈步云对于茶叶调配颇有研究，富春的茶就是他用几种茶叶配合，能泡到四遍不变色冲淡。我正在向他请益，忽然来了一双时髦茶客，是李英陪着顾兰君趁到焦山拍电影出外景之便，慕名过江到富春吃扬州点心。李英跟陈步云也是熟识，顾兰君一坐下就要吃蜂糖糕，可是蜂糖糕扬州的茶食店才有售，茶馆店卖点心，从来不卖蜂糖糕的。陈步云知道帅厨子的蜂糖糕最拿手，也只有我才烦得动他，于是陈、李二人一阵耳语，少不得由帅厨子多做了两块，给他们带回上海去解馋。这话一提来，已经是四十多年前的往事了。来到台湾，虽有几家苏北亲友会做蜂糖糕，可是入嘴之后，总觉得甜润不足，是否大家讲求健康、糖油减量所致，就不得而知了。

抗战时期，征人远戍，有一天心血来潮，忽然想起北平东四牌楼点心铺卖的玉面蜂糕，它松软柔滑，核桃剥皮未净，甘中带涩的滋味，非常好吃。等到胜利收京，复员北平，那家点心铺早已收歇，别家的玉面蜂糕吃起来似是而非、远非昔比。但愿将来有机会回大陆，别说像北平的蜂糕能吃到，能有扬州辕门桥麒麟阁那样的蜂糖糕，也就心满意足啦。

扬州炒饭伊府面

近几年在台北，全国各省口味的饭馆，无所不有，想吃什么有什么，其中以广东、四川馆子为数尤多。台湾现在最流行的广东饮茶，因为物美价廉，大家趋之若鹜，老人小孩更为欢迎。

当年在大陆，大良陈三姑做的粉果洁晶霭彩，不但好看而且好吃。金菊园的蒸鲮鱼球，鱼刺剔得干干净净，鱼嫩而鲜。佛照楼的萝卜糕，软硬适中，煎好之后，每块上都有虾米腊肉香肠，真可以说是众香发越，郁郁菲菲。

现在台湾的粤式饮茶，虽然俯拾皆是，

可是好像跟我无缘。这些小笼蒸食所用澄粉，不是太糟（无论虾饺、烧卖，只只粘底），就是边硬而僵。讲馅子粗枝大叶，论花色则一成不变，我就奇怪粤式饮茶，彼此竞争得非常激烈，广告更是登得花样百出，说得天花乱坠，可是点心本身的花式、味道方面，并没有刻意求精求细，提起当年大同酒家仿荣记的豉汁鸡球大包，莲园仿马武仲家的特制粉果，不但没有一家师傅会做，甚至一般年轻师傅，听都没听说过。一天到晚讲宣传，实际没有好东西给客人吃，所以我最怕到广式茶楼去饮茶。有时迫不得已必须光顾，只好叫一客炒饭（不敢叫烩饭，整枝半生不熟的芥蓝咬不断咽不下，实在令人发窘）或是一盘窝面来充饥算了。当年梁均默先生对于广东菜点最有研究，他曾经问我什么炒面最好吃，我说"伊府面"。他先以为伊府面是淮扬人发明的，我说伊秉绶（字墨卿）是福建汀州人，是乾隆年间进士，做过广东惠州、江苏扬州知府，所以有人说他是广东人，有人误会他是扬州人。伊汀州工篆隶，尤富收藏，诗词更是嵚崎明丽。晚年案牍之余，喜欢研究饮馔之道。他在惠州官廨，有一位麦厨子，颇精割烹，他转任淮扬时，因为宾主相处甚得，麦也随任来扬，伊府面就是这时研究出来的。据说做伊府面在和面时候加少许蛋白，抻成扁条，用大油微火炸至半酥，然后用鸡汤半煨半炒，入口爽滑腴润而不腻人。当年北平中央公园春明馆有一位厨师叫老高，专门负责做炒伊府面，他做的炒伊府面确实跟一般饭馆的迥不相同，不但不油，而且入口即化，对于牙口不好、不宜大油的老年人最为合适。所以春明馆除了供老人们下棋品茗外，到了下午，差不多每位都会要一客炒伊府面来垫垫饥，甚至有专门去吃伊府面的。

伊汀州除了伊府面外，还发明了扬州炒饭。所谓扬州炒饭，也是伊汀州跟麦师傅两人研究出来的。炒饭所用的米必用洋籼，也就是西贡暹罗米，取其松散而少黏性，油不要多，饭要炒得透。除了鸡蛋、葱花之外，要加上小河虾，选纽扣般大小者为度，过大则肉老而挡口了。另外，金华火腿切细末同炒，这是真正的扬州炒饭。后来广州、香港的酒家饭馆都卖扬州炒饭，虾仁大如现在的一元硬币，火腿末变成叉烧丁，还愣说是扬州炒饭，伊墨老地下有知宁不笑杀。我对炒伊府面、扬州炒饭都有偏嗜，可是合乎标准的两样美食，已经多年不知其味了。

脆鳝、干丝

　　口之于味，是随时有变动的，拿三十年前刚光复的台北来说吧，首先是广州菜大行其道，四川菜随后跟进，陕西的牛肉泡馍，居然也插上一脚，湖南菜闹腾一阵之后，云南的大薄片、湖北的珍珠丸子、福州的红糟海鲜，都曾经煊赫一时。大家吃多了汤汤水水的清淡菜后，又想换换口味吃点膏腴肥浓的挡口菜，于是江浙馆又乘时而起。最近我去台北，发觉大家吃的目标好似又指向扬镇一带的吃食了。现在台北虽然陆续开设了不少淮扬饭馆，可是吃起来，多少总有点似是而非的感觉。

镇江虽然地处江南，可是镇江人的风土人情饮食习惯，不同于苏昆常锡，反而跟隔江的扬州似乎比较接近。以早上茶馆来个皮包水，灯晚泡澡堂闹个水包皮，扬镇两地是完全一样的。

现在台湾大概是物稀为贵的关系，一客炒鳝糊，软兜带粉，价钱实在出乎人想象。当年扬镇一带吃早茶叫一客脆鳝，堪称物美价廉。鱼一端上来堂倌用草纸合起来双手一压，拿来下酒，真是逊焦酥脆、咸淡适口。不像现在台湾淮扬馆的脆鳝炒好出锅，还要加上一勺蜜汁，变成腻而不爽、原味不彰了。

扬镇一带最讲究吃干丝，十来岁的孩子们到面茶馆当学徒，第一件事是学切姜丝干丝，等练到切出来姜丝干丝长短整齐划一，细而且长才算及格。干丝吃法分拌干丝（扬镇叫烫个干子）、煮干丝两种，如果是熟不拘理、天天见面、不分彼此的熟朋友一块进茶馆，多半是拌个干丝算了。倘若是请比较场面的朋友去吃茶，主人为了表示诚敬，一定说煮个干子。客人总要让请主人不必客气，还是烫个干丝吧！这是宾主一种礼让的客套。

天天上茶馆熟客，都是认地方的，不会每天换的。因此堂倌跟茶客都熟极了，一看某爷今日请的客人是生脸色，干丝往上一端，背后还端一小碗三合油，再往干丝上一浇，表示跟请客的主人吃得开，跟柜上有交情，多加作料就是替主人家做面子啦。

谈到吃烫干丝主要的是浇头。讲到浇头花式可多了，什么火腿浇，鸡丝浇，笋丝浇，差不多下江各处茶馆个个都有拿手。其中笔者最欣赏的是鸡皮浇，专挑薄而不挂肥油的鸡皮来做，芳而不濡，腴而不腻。扬州富春花局的鸡皮干丝算是绝了。至于脆鳝浇以笔者吃过的来说，那要算泰州的"一枝春"首屈一指。叫一份过桥脆鳝，一半拿来下酒，剩下的拌干丝，等饺面点心吃完，鳝鱼依旧酥松爽脆，一点不软不皮。扬州金魁园也是以脆鳝出名的，可是对一枝春的脆鳝历久仍酥，也是自愧不如；虽然派人专程到泰县一枝春去偷学，可是炸出来的脆鳝，始终松脆有所不如。有人说泰县的鳝鱼（又叫长鱼）特别肥嫩，肉紧而细，所以炸透后又酥又脆，不易皮软，这理由是否正确，就不得而知了。不过在泰县吃脆鳝拌干丝，比别处好吃确实是不争的事实。

从干丝谈到杏花村

　　镇江、扬州虽然一踞江南，一处江北，可是风土、语言、习俗、饮食各方面都是大同小异的。"早上皮包水，晚上水包皮"，意思是晨间上茶馆喝茶，晚上进澡堂子洗澡。从江苏省的里下河，以迄安徽省的西梁山，都有皮包水、水包皮两种习惯。

　　上茶馆喝茶吃早点，少不得来上一客干丝，扬镇一带吃干丝讲究可大啦！几个熟朋友到茶馆吃早茶，为了表示大家是自家人，不必客套，多半是烫个干丝。所谓烫，也就是拌的意思，扬镇老吃客认为烫干丝，才能保全干丝的香味。如果请的客人是尊长，为了表示尊敬礼貌，那才叫一客煮干丝呢。扬州人吃干丝特别考究，小徒弟到茶馆学生意，第一件事是学切干丝。最初以北门外绿杨邨茶社干丝最好，东关街金桂园、青莲巷金魁园、十三湾迎春园、缺口街金凤园的干丝都够水准，后来城里富春茶社主人陈步云对于干丝精益求精，富春的干丝，无论烫煮，不但独步扬镇而且闻名全国。

干丝是一种白豆腐干切丝而成，扬州城里城外豆腐店，少说也有百家以上，聚财园的老板胡国华说："一百多家豆腐店，做出来干丝只有'金驼子''王四房'两家可用。其余各家的干子，若严格挑选，都不合用。这种白豆干，源出安徽，所以本名徽干，是明末清初安徽移民把做法带到扬州来的。切干丝的刀功，属于专门技艺，一块干子，最少要切出十三片，个中高手甚至能切出十九、二十片来。切出来的干丝，长短粗细，一律整整齐齐，毫厘不爽，而且一块豆腐干的上下左右边边牙牙，行话所谓'头子'，全都弃而不用。"足见那些著名的茶馆对于干丝是如何重视不惜工本啦！

扬州世家老住户每天上茶馆吃茶，似乎各人都有固定茶馆固定座头，茶馆里立有账户，账房记在一本条账上，按三节结算。逢年过节，裁缝、饭馆、澡堂子的挂账还可以缓一缓、欠一欠，唯有叫姑娘的堂差账、茶馆的早茶钱，账条子一上门，必须立刻结清，否则年节一过，外间一传扬，人就没法在当地叫字号了。所以茶馆里的堂倌，对于有账的茶客身家财势，全都摸得一清二楚。例如给讲究排场的熟茶客端上一份拌干丝，身后必定藏着小碗儿小磨麻油，三伏秋油混合作料，往干丝上一浇，愣说是给他老人家特别预备的，不但客人脸上有光彩，主人更显得面子十足。可是将来年节给小账，少不得要多叨光几文啦。

至于煮干丝名堂可多了，据笔者所知有

脆鳝（扬镇人士管鳝鱼叫鳝鱼）、脆火（鳝鱼火腿）、脆鱼挂卤、脆鱼回酥、鸡脆、鸡火、鸡丝、鸡脯、鸡翅、鸡皮、鸡丁、鸡肝、腰花、虾仁、虾腰、蚌螯（里下河特产）、蟹黄、虾蟹、蚌蟹等，可称五花八门。不是常来的吃客，简直弄不懂那些名堂。

当年以红舞女改演电影的梁赛珍等梁氏三姝，还有严月娴、月姗姊妹，对于扬镇的早茶都是深感兴趣的。时不常地由周剑云、徐莘园几位电影界人士陪过江来，到富春茶社大嚼一顿。他们说沪宁一带吃早茶的干丝，非粗即硬，扬州干丝则特别绵软。梁赛珍最喜欢鸡皮煮干丝，宣景琳曾经笑她吃多了会发胖，她认为飞燕身材，为吃干丝就增几分何妨。严月娴在未染嗜好前，雍容华贵艳光照人，她的尊人严工上又是位美食专家，她耳濡目染，对饮馔之道也就非常内行。她是扬州富春、金桂园两家常客，吃茶必定叫脆火干丝，她说这两家鳝鱼炸得脆而且酥，所用火腿是扬州本庄自制，其味之鲜，其肉之酥，远驾宣威、金华之上，所以她对这两家脆火干丝特别欣赏，屡吃不厌。

后来我曾经请教过许少浦、周瀚波两位饮馔名家，据他们说："扬州几家有名茶馆所用火腿，都是彩衣街'杨森和火腿店'出品的，民国十年前后，北洋财政次长凌文渊带了几只杨森和的火腿到北京送人，吃过的人都赞不绝口，从此他家火腿就驰名南北了。杨氏兄弟五人，努力经营合作分工，选腿、修削、腌制、煮法、刀功各精一门，店里经常有两三千只存货。火腿腌足一年出缸，除留半数供应门市外，其余半数早被各省饭店预购一空，所以他家火腿，不够月份固然绝不启缸，可是也没有两年以上陈腿，蒸后火腿咸淡适宜、酥松腴润、色泽鲜明，绝无干涩柴老之弊。"经他们两位这么一说，我才知道杨森和的火腿确实与众不同，而严月娴的独垂青眼，也是其源有自的。

北方的饭馆无论拌、烫、汤、煮根本没有干丝这道菜。有一年许少浦兄四十华诞，从扬州来北平游览避寿，我在东兴楼请他吃饭，既然不愿称寿，自然不便用整桌酒席接待，于是采取宾主各点菜式方法。少浦点了一个鸡火煮干丝，弄得堂倌一头雾水，不知所措。堂倌知道点干丝那位客官是我们的主客，不敢回说没有，后来我偷偷告诉他到临近锡拉胡同的淮扬饭馆叫一客鸡火干丝来，才把这个难题解决。

扬镇的干丝固然驰名大江南北，可是我在安徽的安庆，居然吃到一次松软清淡精美的干丝。有一年我到安徽有事，盐务四岸公所驻皖管事孙栋臣请我到安庆梓桐阁一家茶馆兴隆居吃早茶。我想安庆一枝春的糯米烧卖、富春园的蟹黄汤包、江毛儿原汤饺儿，都是赫赫有名的小吃，他为什么巴巴请我到毫不起眼、危楼一角的地方吃早茶呢！谁知茗碗用的是白地青花细瓷盖碗，茶叶用的是极品六安瓜片，就是这盅茶已非一般茶馆所能备办。干丝是金钩、笋尖、云腿清拌，干丝之绵软细嫩，比起扬镇的干丝，只有过之而无不及。一直听说扬镇干丝是从安徽传来的，证之今日所吃干丝，谅非虚假。

兴隆居店东曹大经人极风雅，原籍安徽贵池，是个读书人，据说他家是明末清初迁来安庆的，他藏有一幅《杏花春雨图》，是顺治四年（1674）丁亥正科榜眼画的大青绿山水，因为唐代大诗人杜牧的一首"清明时节雨纷纷"的七绝诗，引起后人许多争议，弄得全国若干产美酒地区，几乎都有一个杏花村。安徽同胞则肯定地说，杏花村在安徽贵池秀山附近，当地有口古井，井栏上刻有"黄公清泉"四个字，泉水清冽，用来酿酒，醇醨噗人。当地父老自宋代起，就强调原始的杏花村确实是在贵池。明朝天启年间，太守颜元镜在村中特地建有一座凉亭，并题有"牧童遥指处，杜老旧题诗。红杏添春色，黄炉忆旧时"诗句。根据历史考证，杜牧在唐武宗会昌年间出任过池州刺史（贵池旧属池州府），大概由于争论太多，程方朝才绘了这幅《杏花春雨图》，证明杏花村的史实。这幅手卷题咏甚多，妙的是其中题跋的孙卓是康熙己未年（1679）榜眼，梅立本是乾隆丁丑年（1757）榜眼，凌泰封是嘉庆丁丑年（1817）榜眼。四位同是榜眼，又同是安徽人，真是巧而又巧了。此画主人先还没注意到，经我说穿之后，他高兴万分，愣是留我逛了一趟包公祠，吃了包河萝卜丝鲫鱼汤才放我走。这段文字缘，让我吃到了包河鲫鱼，所以一直不忘。

笔者来台带了一个厨师刘文彬来，他是扬州人，扬镇几样名菜，他做出来都有相当水准，可是始终未看他做过干丝。有一天他欣然来告，他跟师弟——银翼的刘大胡子（银翼尚在火车站前营业）——两人在中山北路二段快乐池洗澡，发现附近有一家面店楼上有人会做徽干。经过他们指点，一块干子居然能片到十九片，并且能够保持徽干风格，越煮越嫩而不糜烂。据刘厨说："干丝吸盐甚快，临起锅时才能加盐，就是火腿也宜后放，否则干丝再好，汤再鲜，口味一重，超过适口咸度，干丝就为之减色，吃不到原味了。"近来吃了几家淮扬馆的干丝，无论烫煮，似乎都不够味。自从刘厨上年病故后，现在想吃一份清爽适口的干丝，已经是可遇而不可求的事了。

白汤面和野鸭饭

　　德国人最注重每天这顿晨餐，他们认为从头一天晚餐到第二天清早，中间相隔十小时以上，出门工作之前，若是没有一顿充实的早餐，就是勉强支持到中午再进餐，对于精神体力耗损如何，也就可想而知了。在台湾十有八九的人，都有吃早点的习惯。比较洋派的人士，早点离不开鸡蛋、牛奶、乳酪、面包。一般人的早点也不外烧饼、油条、馒头、豆浆、稀饭等。笔者一向是主张吃早点，而且早点要滋养耐饥的。旅台日久，每到冬季吃早点，就想起大陆的白汤面来。我在旅居扬镇期间，入乡随俗，每天都到茶馆吃早餐。尽管茶馆里点心花色很多，同去朋友有人叫包饺，有人要锅饼烧卖，我是必定要碗白汤面。不过面的种类，浇头花色天天变更，换换口味以免吃腻。

白汤面顾名思义，一定是玉俎浆浓以汤取胜了。煮白汤面的原汤，是把鸡鸭的骨头架子、鲫鱼、鳝鱼、猪骨头、火腿爪放汤大煮，所有骨髓都渐渐融入汤里，煮到色白似乳，自然味正汤浓。据富春茶社老板陈步云说，煮这浓汤，厨行术语叫"吊"，各有窍门秘不传人。有的另放羊肠，有的把上等虾子缝在布袋内下锅同煮，等汤煮好，再把虾子包拿掉。手法门道名堂甚多，每一家面馆的白汤面都有它自己独特风味，一般家庭是没法子仿效做的。所以要吃上等白汤面，一定要到茶馆去吃，其道理在此。

好啖的朋友都认为白汤面是扬州所独有，我在扬州时世交前辈许云浦总是请我到青莲巷的金魁园，并约了金魁园的财东李振青跟盐务方面岸商潘锡九吃早茶。许云老知道我爱吃白汤面，头一天就跟李振青关照金魁园灶上，李住金魁园对门，又是金魁园房东，所以这餐白汤面是加工精制，鳟羹鹅脍，豪润芳鲜，腴而不腻。

潘锡老是扬镇有名的美食专家，两杯早酒下肚逸兴遄飞，问我吃过这样美味的白汤面没有。我说："泰县大东酒楼的蚌螯螃汤面，镇江繁华楼的脆鱼挂卤都自夸味压大江南北，但比起今天的白汤面似乎要稍逊一筹。不过前年我在安庆的醉仙居吃一次斑鱼肝煌鱼片双浇白汤面，似乎跟金魁园玉食珍味难分轩轾，可以比美。"潘听了哈哈大笑，认为我是知味之言。潘说："'白汤面'是扬镇人给它起的小名，源出皖省，是安徽贵池吴应箕先生研究出来的，本名'徽面'，自从清军南下扬州屠城后，由安徽人把白汤面的制法传到扬州而驰名的。安庆是白汤面的发源地，正宗法乳①，还能差得了吗？白汤面除了吊汤有独特手法外，光面的名称就有二十多种。汤面有寸汤、宽汤、全鸡汤、免杂之分。面的大小又有饱面、宽面、窄面、一窝丝、扣面、大连、中碗、重二、三呆子、面结儿。煮面又分清水、锅挑、大煮之别，此外面的做法又分卤子、干拌、煨面、炒面、锅面、脆面、两面黄加汁、过桥、免浮油、免青、免红、空红种种名堂。至于面上的浇头更是多达五六十种，客人常点的不外火腿，分中腰、脚爪、板凳桩；看肉又分眼镜子、玉带钩、天灯棒；还有脆火（脆鳝鱼火腿）、脆鳝、鸡火（鸡肉火腿）、鸡脆（鸡肉脆鳝）、鸡丝、鸡脯、鸡翼、鸡脚、鸡皮、鸡丁、鸡肝、卤鸭、鸭舌、鸭腰、腰花、虾仁、虾腰皮蚌螯、虾蚌螯、蟹黄、蟹肉、蚌螯、脆鱼桂油、脆

①　"法乳"本为佛教用语，意指以正法之滋味长养弟子之法身。此处喻指安庆白汤面做法之正宗。

鱼软兜、脆鱼回酥、脆鱼片、炒鱼片、脆鱼卤、刀鱼、熏鱼、斑鱼肝、野鸡、野鸭、风鸡、腊鸭、盐水蹄、水晶蹄、大肉、拆肉、羊肉、羊膏、冬笋、雪笋、咸菜肉丝、糖醋丝面筋、三鲜、五丁、麻酱、香椿、茼蒿、药芹、枸杞、芦蒿等荤素浇头，真可谓五蕴七香各具其味。一桌坐上十来位客人，花样百出，各点所嗜，侍候堂口的堂倌都是受过相当训练的，既要头脑灵活记忆敏锐，还要眼明手快，顷刻面到，分送客人面前。哪一位要的什么面，怎样浇头，绝无差误。同时双手两臂一趟能端八碗：左手端两碗，上加一碗，左臂跟肘弯垫上手中各挟一碗，左边五碗；右手端两碗，再加一碗，一共八碗。这种端法还有名堂，叫作八仙过海。他们上楼梯、下台阶、迈门槛轻松利落，汤不洒，面不摇，就这一手，没有三冬两季工夫是绝对办不到的。年纪大了，记性不好只能说出五六十种浇头。前些年引市街文园有位老堂馆，一口气能报近百种浇头，那比北平说相声的报菜名还来得精彩呢！"听了潘锡老这番话，想不到白汤面还有这么多的典故呢！

当年在大陆白露凝霜，初透轻寒，就到了应时当令吃野鸭饭的时候了。我初到苏北，对于当地习俗还摸不清门路，凡是谊托姻娅，如果男丁都在外为宦经商向学作幕，家中没有官客，远来姻亲不能招待酒饭，就送几色菜点到其住所或行馆来，以尽地主之谊。我到泰县住在大林桥旧宅，泰县支家是大族，在当地提起紫藤花架（地名）支家大门是无人不知的。舍下跟支府是老亲，支三老太派人送了两菜两点，另外一瓯野鸭饭来。菜点送来，正有一位朋友金驼斋在座，他说："支府的瓦煲野鸭饭是全泰县最有名的，支家的野鸭饭必定三太太亲自下厨做的，野鸭的大小肥瘦不合标准她不做，她老人家精神不好也不下厨，您能吃到支家的野鸭饭可算口福不浅。"

当天晚上就拿野鸭饭当晚餐，米是支家田客子（佃户，泰兴称他们田客子）精选的水稻，糯而不黏，粒粒珠圆，有似广东顺德的红丝稻。野鸭肉酥皮嫩，腴而不油，配上碧绿的油菜，味清而隽，的确属妙馔。金驼斋的夸赞，信非虚誉。自从吃过这次美味的野鸭饭后，听说海陵春的野鸭饭也不错，等我去时野鸭避寒南飞，已非其时，所以没能吃到。

后来几位扬镇朋友在上海浙江路开了一家精美餐室，我早晚办公，虽然不时在餐室门前经过，可是从未光顾就餐过。有一天他家门堂贴有"本室新增野鸭饭"，这种美食珍味，许久未尝，于是入座叫了一味野鸭饭来尝尝。鸭子的腴美不输苏北，饭也焖得汁卤入味芳鲜，不用上海稻，而用籼米更觉松爽适口，可惜所用芸薹（俗称油菜）不似苏北取自田园，随摘随吃来得新鲜肥嫩。

自从来到台湾，我只听喜欢打猎的朋友

们说过去打野鸭，可是我既没见过，更没吃过。有一年去虎尾糖厂访友，住在贵宾馆，恰巧碰见何敬之、白健生、杨子惠三位老将军，联袂而来，也住在招待所，说是来虎尾溪打野鸭子的。杨惠老本来说话风趣，当晚又喝了几杯益寿酒，酒后谈兴甚豪。他当时的夫人是台大毕业，跟小女同班同学，所以他才开玩笑，叫我小老叔。并且说何、白二老起身较迟，他满载而归，可能他们尚在隆中高卧。果然第二天大家正进早餐的时候，惠老已经带着他的战利品——三只竹鸡和七八只野鸭回来了。他猎获的野鸭，似乎比大陆所见小了很多。中午的野鸭大餐，我回去斗六有事，未能一尝美味，错过一次口福，颇觉可惜。

前几天有一位好钓鱼打猎的朋友，听我说野鸭饭好吃，猎了几只野鸭拔毛开膛，收拾干净送来。在原形毕露之下，敢情这种野鸭比鸽子大不了许多，皮下一层脂肪，骨大肉少，好像跟早年大陆的野鸭不太一样。我想野鸭渡海南来避寒，自然营养不良。这少壮野鸭，仗着年富力强，能保残躯，已经是无上的幸运了。看着鸭子不禁眼涩心酸，吃野鸭的欲念也烟消云散了。

天灯棒

台北的淮阳饭馆都卖看肉,有的切得大而且厚,有的又切得小而且薄,肉的软硬程度也不划一。扬、镇两地虽然吃早茶都少不得要几块看吃,可是镇江看肉,确又比扬州高出一筹。

吃看一定要蘸高粱米醋细姜丝,恰好镇江醋鲜而不酸是举国闻名的,所以镇江看肉因为有好醋衬托,更显得卓尔不凡了。看肉是用手工压制出来的,所以要肥要瘦可以随心所欲。扬镇面馆做看肉大师傅的工钱是特别高的,尤其是镇江的面馆,白案子的面点好不好还在其次,如果看肉做得不够精致,那就没有客人上门啦。

扬镇看肉的名堂，跟北平涮羊肉的名堂一样，非常之多。有一种偏瘦的看肉叫眼镜，切出来真是一个肉圈一个肉圈的，不但好吃，而且好看。要吃不肥不瘦有一种玉带钩，整块看肉中间嵌有一条 S 型的瘦肉，就像从前系腰带的带钩。最特别是一种纯粹瘦肉核儿，中间插上一根鸡腿骨，这叫天灯棒儿。

有一年笔者路过镇江，家母舅曾让一位曹颖生科长陪我到万花楼吃早茶。结果一盘看肉放了五枝天灯棒儿，落座不久，就有头戴卡波帽、身穿华达呢大衣的人物，三三两两陆续走进来寒暄敬茶。起初我觉得这位曹君真了不起，交游真够太广阔了，后来走过来寒暄的人越来越多，简直迄无宁止，弄得我不胜其烦。恰好碰到当时商会会长陆小波、药界公会负责人潘颂平也来吃茶，于是借词溜到他们茶桌暂避烦嚣。

据陆小波说："在茶馆叫看肉，上只天灯

771

棒就表示来客不是凡夫俗子。三只天灯棒儿那就是有行情的人物啦。你们桌上有五只天灯棒儿，表示有外地大亨到了。那位曹君大概是摆点谱儿给你瞧瞧，所以上了五只天灯棒儿，我跟潘颂平每人再送一只天灯棒儿到你桌上凑凑热闹如何？"他们这一说，我才明白吃看肉上天灯棒儿是有讲究的，咱既然不是长安贵客，赶紧逊谢不遑。

有了这次经验，此后在里下河一带上茶馆吃早茶，第一件事是叫看肉免上天灯棒儿，否则当地有头有脸的朋友一摆场，那顿早茶可就全搅和啦。吃个看肉都有那么多讲究，咱们中国是礼仪之邦，真是一点也不错。

银鳞细骨忆船鲥

民国十七年暮春，盐务稽核所在扬州召开了一次运销会议，会后中南银行的总经理胡笔江说："鲥鱼盛于四月，鳞白如银，其味腴美，焦山船鲥尤负盛名，大家如有雅兴，何妨巾车共载，偷得浮生三日闲，逛逛金焦，尝尝船鲥呢！"

于是中南银行镇江分行负责舟车食宿，我们一行男女十余人，到了镇江，上了小船容舆中流了。鲥鱼主要是吃个新鲜，可是鲥鱼离水即死，转瞬馁败变味，镇江虽然近在咫尺，离船登岸已经风味大减，所以一般美食专家们，一定要泛一小舟，停泊焦山脚下，

773

等到渔人下网得鱼，立刻在船头烹而食之，才能膏润芳鲜，尽善尽美。清代康熙、乾隆巡幸江南，品尝过出水船鲥后，还有御制诗遍示臣下呢！根据江宁府志记载："鱼之美者鲥鱼，四月初，郭公鸟鸣，捕者以此候之。"我们到焦山正是四月初间，新柳乍剪，柳花串串。据有经验的老渔户说，早年郭公鸟鸣，不出三天，就有大队鲥鱼出现，近年郭公鸟日渐稀少，每年柳花开时，焦山附近，就有大群鲥鱼游来。焦山定慧寺的僧侣们说，那些鲥鱼都是来朝山的，在朝山的前三天，有成千累万的小黑虫在江面飞翔，最后全浮在水面，让鲥鱼饱啖，当地人称这种小虫为"鲥鱼粮"，只有吃过鲥鱼粮的鱼，才会脂丰肉嫩，渔人们屡试不爽。我们船泊焦山脚下，鱼群正是饱啖之后，尚未回游，庖人就在船头用炭火清蒸供馔了，等到登盘荐餐，果然银鲥细骨，表里莹然，隽觿甘腴，风味清妙，与在宁沪扬镇所吃鲥鱼迥然不同。大家在江上吃过这次船鲥，虽然劳师动众，没有一位不说值得的。

鲥鱼精华全在鳞下脂肪，因此烹制鲥鱼和烹制其他鱼类不同，洗涤干净，不先去鳞，要到吃的时候，先唞嗖鳞片上脂肪，然后再吃鱼肉。鲥鱼知道鳞是它的宝贝，也特别爱护，鳞一挂网，恐怕伤鳞，即不复动。同去吃船鲥的镇江商会会长陆小波，对吃鲥鱼最有研究，他说："鲥鱼只宜清蒸，红烧油煎，鳞脂全失，膏肪荡然。网获鲜鲥，挖去肠胆，用布拭去血水，以花椒、砂仁擂碎，加入花雕、葱丝、姜米后，盖上几片'蒋腿'，不用生抽、盐花，放在陶器内上锅蒸熟，自然擎盘散馥，明透鲜美。"善食者之言，当然是经验之谈。

陈含光先生介弟笙友，知道鲥鱼的故事最多，大家饱啖鲥鱼之后，在船头瀹茗，他讲了一则鲥鱼的故事，非常有趣。他说："有一位镇江姑娘嫁到南京，三日入厨下，调羹奉姑的时候，正赶上鲥鱼上市。新媳妇入厨，大嫂小姑都想看看她的手段如何，于是特地买了一尾鲥鱼，考一考新媳妇。谁知新媳妇拿起厨刀，毫不犹豫，三下五除二，把一条鲥鱼鳞片，全都刮掉，姑嫂们一看，以为她是外行，也不说破，单等上饭桌看笑话。谁知一盘鲥鱼端上来，虽无鳞片，可是比不去鳞的鲥鱼还要腴美。饭后细细跟新媳妇讨教，才知人家从小生长在江边，每年春末都有大队鲥鱼游来，耳濡目染，自然成了烹调鲥鱼高手。她们认为鱼不去鳞，总欠美观，而鲥鱼之美，厥在鳞脂，于是把刮下鳞片，用针线联串起来，吊在锅盖里面，蒸鱼的时候，水汽翻腾，鳞脂渐次溶解，完全滴落鱼身上，鳞上脂肪点滴不剩，比带鳞鲥鱼还要鲜美，又免去剔鳞之烦，从此姑嫂才不敢小看这位乡姑出身的媳妇。"

民国初年，交通只有舟车，而无飞机，冷藏设备又没有现在完美，无论如何用舟车辗转，在平津吃到的鲥鱼，虽无异味，可是风味全失。记得比竹村人徐世昌做大总统时，在怀仁堂天然冰镇，大宴群臣，请吃鲥鱼，筵开几十桌，鲥鱼当然难保全都新鲜。他有一位乡气十足的贴身近侍，等夜阑人散，以为残膏冷炙，可是大夫燕食，珍味馐余，必然仍可大快朵颐。谁知吃了一口鲥鱼，觉得鱼肉糟败，毫无可取，还不如家乡熬鱼贴锅子来得落胃呢！后来总统府一直传为笑谈。现在台北的江浙馆子，也时常拿清蒸鲥鱼为号召，冰冻若干天的鲥鱼，是否肪腴味美，那只有天晓得了。

调羹犹忆鲃肺汤

北伐前后，我住在上海，每天看《申报》《新闻报》，记不得是《申报》还是《新闻报》，每天附赠《晶报》一份，内容有曹涵美跟鲁少飞画的漫画，曹是细腻多姿，鲁则婉而多讽，主笔张丹斧几段三言两语的补白，实在谑而不虐，令人回味无穷。

有一天，报上登着三原于右老去苏州游玩，上灵岩山礼佛，凭吊馆娃宫响屧廊遗址、虎丘剑池西施抚琴台，兴尽赋归，道经木渎，在一家叫"石家饭店"的小馆子打尖。大师傅姓石，人家都叫他"石和尚"，自东自伙。听说来客中有位银髯拂胸的，是陕西三原于右任大老，他小时候就听说西北简朴荒寒，可是独独陕西三原特别讲究饮馔，虽然不是雕蚶烹蛤，也没有鹿尾驼蹄，可是对于菜的刀工、配料、火候、程序，无不精到，右老又是辛亥元勋，自然特别招呼巴结。

等大家酒足饭饱，奉上苏州特产鲍肺汤一碗，他告诉右老说："木渎活水源头所产鲍鱼，要逆水跳跃，所以肺囊特别发达，制作时要把鱼肺左上方拇指大小一只苦胆轻轻摘去，千万不要弄破，否则苦涩难当。肺上血筋也必须小心挑掉，洗净后用苏州当地酿造'苏绍'（土绍酒）腌泡半小时，然后将鲍肺切成薄片，用鸡汤一汆，酿成奇味，别具柔香。如果收拾得不干净，则腥浊苦涩，难于入口，鲍肺汤本来是'庄户菜'，附近几家饭店都会做这个汤，可是到小店来吃这个汤的客人最多。因为我们除苦胆有诀窍，从未漏破，任何人来吃，不用鸡汤也用顶好的高汤，所以鲃肺汤算是我们的招牌菜，您老只尝滋味怎样。"

右老听了石和尚这一番吹嘘，尝了几片，果然元倄菜美，毫不浮夸，捻须大笑之下，借着三分酒兴，拿来纸笔，笔饱墨酣地为鲃肺汤写了一首七绝："夜光杯酢郁金香，冠盖如云锦石庄；我爱故乡风味好，调羹犹忆鲃肺汤。"

自从于右老写了这首石家鲃肺汤的诗以后，不几天张丹斧在《晶报》上把原诗跟雅集情形刊载出来，别家小报因为"鲃"字不见经传，还论战不息，经过上海那些小型三日刊接二连三一阵笔仗，反而把石家饭店打出个知名度来。凡是到苏州来玩的游客，到木渎石家饭店尝一尝鲃肺汤，也被列为好啖朋友必不可少的项目。石家饭店为应付每天络绎不绝来吃鲃肺汤的顾客，特地另砌大灶，添制大锅，整天煮着鸡架装猪骨头，熬成色清味浓的好汤，专拿来氽鲃肺，后来又加上冬菇、火腿、扁尖，更让顾客吃得赞不绝口。我到木渎去吃石家饭店是陆凤石（润庠）前辈文孙请客，鲃肺汤免去火腿一些零碎，只是清汤加香菜胡椒，据说这样才能吃出原味。又有人说鲃肺根本没鲜味，血筋剔不净还带点鱼腥。我只去木渎开过一次洋荤，还体味不出谁是谁非呢！前些年去中华路第一公司，曾经看见有家石家饭店，因为门面不起眼，再想去居然没找到。

前几天有人约我到台北西宁南路石家饭店吃饭，饭后在等电梯，看到壁上有一幅大横披，就是右老的那首诗，因为匆匆下楼，没有看清是哪位书法家的大笔。既然他有这幅字，我想这家石家饭店跟木渎的"石和尚"沾有渊源的，不知此地的石家饭店会不会做鲃肺汤，有空我一定再去光顾一番，让他做几样苏州小菜呷呷酒。

去年春天我在旧金山听说有人准备开一家石家饭店，事过年余，不知开张了没有，

如果已经开张，旅美的苏州乡亲又有口福吃
到鲃肺汤啦！

冰糖煨猪头

抗战胜利，余去江苏泰县收回战前经营的盐栈，栈内住有敌伪时期高级军官眷属，一时无法全部收回，仅腾出花厅数楹供我坐憩。旧仆启东知余归来，特来操持炊事。昔年盐栈清客金驼斋，不时前来手谈，有时留饭。有一天他忽然跟我说："我们让启东做一次冰糖煨猪头来吃如何？启东是扬州船老板名'三挡子'的外孙。清末民初，扬州法海寺以冰糖煨猪头驰名扬镇，若干善信来寺礼佛，无不饱啖猪头而回。其实法海寺猪头，都出自三挡子之手，启东从小寄居外家，所以尽得其秘。"

我小时候在北平听荣剑尘的单弦，其中有一段《穷大奶奶吃烧猪头》的岔曲，用一根稻草烧猪头，一个猪头没煮烂，穷大奶奶坐下、起来只怕有一百二十遍的唱词。我想这个菜一定醇厚腴润、非常可口。不过这种不登大雅的菜平常是很难得吃到的，所以久志于心，一直没有机会一尝。现在是宾主尽欢场面，而启东又是个中割烹高手，自然不肯失之交臂，于是让启东做一次来尝尝。

　　猪最好是选"奔叉"靠近姜堰农家饲养的猪，因为该处生产的猪，猪头皱纹特别少，而且皮细肉嫩，是做猪头肉的上选，猪龄以将过周岁的幼猪最适当。猪头买回来，先用碱水刷洗，将猪毛拔净，切成四或六块，用浓姜大火猛煮，等水滚之后，将猪头夹出，用冷水清洗，换水再煮，反复六七次。此时猪头已经熟烂，将猪头的骨骼一一拆除，整块放入砂钵里。一个猪头最好分为两钵，钵底铺上干贝、淡菜、豌豆苗，冬笋切滚刀块，然后将猪头肉皮上肉下放在上面；另放入纱布袋装桂皮、八角，上好生抽、绍兴酒、生姜、葱段，加水，以盖过皮肉为度。盖子盖严，用湿手巾围好，不令走气。用炭基文火煨四五小时，掀盖将冰糖屑撒在肉皮上，再煨一小时，掀盖取去纱布袋上桌。此刻猪皮明如殷红琥珀，筷子一拨，已嫩如豆腐，其肉酥而不腻，其皮烂而不麋，盖肉中油脂已从历次换水时出脱矣。

　　黄伯韬将军驻节扬州时，每来泰县视察防务均驻光效寺，时来我处熬鱼贴饼子（天津人家常饭食）。听说启东擅烧猪头，乃约期来吃；镇江商会会长陆小波适来参加商务汇报，烦我友人送渠海南紫鲍，渠不谙吃法，交启东治馔。启东误听发好后混入猪头肉同烧，结果原钵登席，热鳌久炙，鲍已溏心，其味沉郁，无殊谭厨鲍翅也。恣飨竟日，无不尽饱而归。紫鲍之值比猪头之值，远逾十倍，于是名之曰"小吃大会钞"。这个菜名，现在知道的恐怕没有几个人呢！

失传的爆蟹

鳞介类我爱吃的是螃蟹，河北省靠天津的胜芳，是高粱的产地，溪流潆洄，螃蟹最喜欢爬上高粱秆吃高粱，到了八月底九月尖初，螃蟹长得只只既肥且壮了。江南澄清湖出产的紫螯大闸蟹，是全国皆知的，不过大闸蟹讲究九月尖脐十月团，上市比胜芳的较晚一个多月。苏北泰县西乡白米镇有个地方叫忠实庄，河流纵错，溪涧纷歧，当地出产的清水蟹，在九月里就膘足肉厚，一尖一团上秤一称，足足的一斤两只，所以苏北人叫它对蟹。同时不分尖团，一样饱满。我一高兴在当地开了一家醉蟹店，请的一位师傅叫周堂文，据说他做醉蟹特别拿手，醉蟹入瓮怎样翻腾，从不散黄。每年过年之前，他就把腌好的醉蟹，托人运上三四十坛子到北平来，我除了选几坛子送给同好外，大部分都留归自己大嚼。

有一年深秋我到白米镇有事，周师傅正在店里忙着腌螃蟹，忽然跟我说难得凑巧，昨天买了三十斤大号的大螃蟹，留下一只第二天请我吃。我觉得秋季天天都可以吃螃蟹，打鱼的每天总有百斤螃蟹上市，吃螃蟹何必如此慎重其事呢？他冲我笑了笑，什么话也没说，第二天中午我一到店里，他让我先到厨房里看看，灶上架着一只大平底锅，灶膛的柴火加旺，锅里放上三只活蟹，只只都想往外爬，他拿了一瓶不知是什么油，往螃蟹身上一淋，只听一声响，螃蟹螯壳、腿脚自然而然同时迸裂，就连底壳蟹肉横格都褪得一干二净，两只大钳跟大腿肉都整整齐齐离开硬壳。登盘大嚼这种螃蟹，真正是解馋过瘾。我问他用的是什么，能让蟹壳全部破裂？他说他有一瓶油，是用百步蛇连蛇带皮一块熬炼出来的，这种油专治毒虫咬伤，各种刀伤也颇具奇效。用它爆蟹是他叔叔周勋（人家叫他四麻子）研究出来的。有一天他炒蟹无心拿错瓶子，把蛇油瓶子碰翻，蛇油滴在螃蟹上了，谁知螃蟹立刻爆裂，于是他发明了爆蟹，变成了周四麻子爆蟹，在常熟是独门生意了。他还藏有半瓶蛇油，所以拿出来一显身手。可惜蛇油如何熬制，周四没传下来，已经失传，爆蟹也成为绝响了。

三杯软饱后，一碗卤鳝香

　　江苏泰县面馆的脆鳝是苏北出了名的美肴，堂倌把炸酥的鳝鱼倒在一张厚草纸上，一夹一压成个鳝鱼粉，撒在拌好的干丝上，有黑有白，酥脆绵软，是下酒的隽品。吃剩下的脆鳝，倒在白汤面里更为有味儿。

　　无锡人对于吃鳝鱼、鳗鱼是最有研究的，讲究粗鳗细鳝，鳗鱼越肥壮，肉则越细嫩，鳝鱼要粗不过指，大则鱼肉发紫失鲜。所以在无锡饭馆子都是要鳝丝、鳝糊，如果您要炒鳝片或马鞍鳝，堂倌就知道您是外路来人，而非本乡本土的吃客了。

　　扬镇一带处理鳝鱼，主张生剔活剥，跟

台湾处理鱼一样。无锡杀鳝方法则跟别处不同，他们是先把活鳝在热水里一滚，然后捞出，剔肠去骨。过水鳝鱼，鳝血不致流失，不但营养成分高，而且也比较人道。他们把鳝鱼切成段，用好酒、酱油、冰糖屑浸透之后沥干，下锅猛炸，炸成脆鳝，当年无锡城北拱北楼的脆鳝面是无锡一绝。

可是在无锡吃卤鳝面那就要到聚丰园了，一般面馆的卤鳝面都是脆鳝加汁，唯独聚丰园的卤鳝面是把鳝鱼划成宽条。先将鳝鱼在盐、酒、酱油里浸泡三小时，然后滤干，入滚油快炸，微见焦黄，浇入加糖酱汁，使卤汁悉数被鳝鱼吸收，然后放汤大煮下面现做现吃，放汤多少就要看师傅的手艺了，汤少卤面成糊，汤多鱼鲜不足，聚丰园卤鳝面，中汤味足，在无锡是首屈一指的。

当年吴稚老在北平忽然想吃卤鳝面了，北平又没有无锡那样面馆，幸亏东方中学有一位王训导员是无锡大吊桥街卖鸡汤馄饨

"过来福"的小老板，他听说老乡长想吃卤鳝面，特地做了两碗送到稚老所住南横街寓所来让稚老品尝。稚老吃得高兴了，连说了几个荤素兼备的笑话，听得人人笑痛肚皮。此老滑稽洒脱，实在无人能及。

鸡包翅雅号"千里婵娟"

　　《你我他周刊》第五十六期，对于吃的艺术，有一栏"怎样做出一道好菜"的彩色专辑，林林总总把台北饭店酒楼名厨介绍了好几位，名菜介绍若干道出来，可以说有美皆备，无味不珍，在下素有馋人之称，这一来把我的馋虫又钩上来了。

　　民国三十五年春间，笔者随侍先母舅张柳丞公来台。那时节除了太平町延平北路有穿廊圆拱、琼室丹房的蓬莱阁、新中华、小春园等几家大酒家之外，想找个地方像样而又没有酒女侑酒的真正饭馆，可以说凤毛麟角几乎没有。记得那年中秋节，笔者就追陪先母舅杖履到新中华，登临顶楼，杰阁高耸、重檐四垂，吃炒响螺片、剥红螺、喝四半酒来赏月，直到碧空澄霁，大月西沉繁星在天，才兴尽赋归。觉得常此食无定所，殊非长久之局，于是把当年泰县的厨师刘文彬接来台湾。刘是早年江苏泰县谦益永盐栈经理潘锡五所赏识的一名庖人，记得有一年江苏省省长韩紫石先生从姜堰到泰县来避暑，潘、韩是多年老友，请紫老吃饭时，并约画家凌文渊陪客，笔者也忝陪末座，席面上就有刘厨一道拿手菜"鸡包翅"。碰巧十二月二十八日台视公司"家庭食谱"傅培梅女士也示范这道菜，不过傅女士把这道菜改名"翅包鸡"而且勾芡，其他烹调步骤大致是相同的。

刘厨这道菜，是选用"九斤黄"老母鸡来拆骨，鸡皮比现在肉鸡的皮柔韧厚实得多，所以拆离骨时能把鸡翼鸡腿也完整无缺地退下来，鱼翅是用小荷包翅，排翅太长不容易处理。鱼翅先用鲍鱼火腿干贝煨烂后，再塞入鸡肚子里，用细海带丝当线，将缺口处逐一缝合，以免漏汤减味。另加上去过油的鸡汤文火清蒸，约一小时上桌。一轮大月，润气蒸香，包蕴精博，清醇味正，入口腴不腻人。韩紫老认为既好吃又好看，如果仍然叫它鸡包翅，未免愧对佳肴。因为此菜登盘荐餐，圆润莹洁，恍如瓯捧素魄，于是合席同意，赐予"千里婵娟"四个字。这道菜经韩紫老品评赐名之后，在抗战之前，着实出过几年风头呢！

刘厨来台之后，舍间款客他曾经献过一次身手，可是火腿鲍贝都不能像在大陆时候任便挑精选瘦，所以跟在大陆时做的相去甚远。又过了几年，韩国官员金信宴客，特请刘文彬主厨，头菜用的就是"千里婵娟"，此时海味来源已充足，选料既精，鸡汤里再加上韩国参须煨炖，玄黄玉露味纯汤清，颇为座客激赏。

银翼餐厅在火车站前，由刘大须子主持

的时期，二刘同宗同行，谁有好材料时常互相串换。有一次大须子应了两桌，宾主都是美食专家，席上的一道"千里婵娟"，就是特烦刘文彬一展调羹妙手的杰作。现在刘厨年逾八旬，已经不能亲任割烹，傅女士的"翅包鸡"跟刘府的"千里婵娟"确有虎贲中郎之似，推潭仆远，自亦属于珍食上味，容当试制一次，以饱馋吻。

纤纤春笋忆鮰鱼

前两天在超级市场蔬菜柜里，看见收拾得干净细嫩的春笋，立刻想起当年在大陆，不正是吃春笋烧鮰鱼的时候吗？江南春早，在江淮一带，献岁发春，水暖鱼肥，第一道上市的鱼鲜，就是古人称鲑、鯚、鈍、鮐，中国人跟日本人都爱吃的河豚鱼了。

河豚将近残市，接踵而来的就是刀鱼。刀鱼的学名是鮆，又叫鲚鱼，苏东坡在宋代不但诗词书法冠绝当时，他的好啖也是出名的，东坡肉就是他老人家的杰作。他的《寒芦港》诗："溶溶晴港漾春晖，芦笋生时柳絮飞。还有江南风物否，桃花流水鲚鱼肥。"诗里所说的鲨鱼，就是我们现在说的刀鱼了。

每年清明过后谷雨之前，柳絮成团，丁香初绽，也正是刀鱼下市鮰鱼登盘荐餐的时候。鮰鱼原名鮠鱼，大家叫惯了鮰鱼，久而久之，有人叫它鮠鱼，反而觉得有点陌生了。靠近长江一带口岸，都有鮰鱼踪迹，不过以江淮地区所产肉嫩味鲜，特别出名。

鮰鱼因为体型宽厚，每尾都有二三十斤重量，如用网罟，往往被它挣脱，破网潜逃，所以捉捕鮰鱼一定要用滚钩才能得手。鮰鱼肉细味厚，骨软多脂，因此容易朽腐，所以鮰鱼一离水，就必须立刻冰藏。运往市场销售，售价也就比较一般鱼鲜为高，就是这个道理。

鮰鱼既少人清蒸，更没人煎炸，多半都是红烧。鮰鱼上市，春笋正肥，鮰鱼只有鱼骨，没有冗刺，把鮰鱼连骨带肉，切成寸半骰子块，用重油文火煨炖，起锅上桌，热腾腾、红炖炖、汁稠稠、香喷喷的，膘足脂润，腴不腻人，可算是宜汤宜饭鱼中隽品。吃刀鱼怕刺，吃河豚怕死，只有吃鲴鱼可以随意大啖大嚼，此在老饕们来讲，鲴鱼季若能够放量吃几顿春笋烧鲴鱼，也是人生一大快事。

民国二十年笔者于役汉皋，同人在武昌蜀园上巳春禊有一味豆瓣鱼，瘦小枯干，人人摇头，在座有位同人说武昌太守梁大胡子（梁鼎芬因留有络腮胡子自号"梁髯"，所以人称"梁大胡子"）宁吃武昌鱼，把武昌的鱼说得天花乱坠，其实不过尔尔，何足为奇。同座有位詹君子寿，湖北麻城人，是黄石港水泥厂厂长，他说："黄石港有一种时鲜名菜叫鲴鱼，因为长江江面浩瀚，波涛汹涌，黄石港是长江江面最狭仄的一段，鱼群拥至，腾波鼓浪，触石吐云，共声骇人。此时正是鲴鱼盛产时节，等网得大鱼，当请在座饱啖一番，就知道梁星海所言非虚了。"我虽然吃过不少次鲴鱼，可惜始终未曾一窥鲴鱼的庐山真貌，现在既有的吃，又有的看，所以一接电话，立刻命驾而往。敢情鲴鱼鼻短有须，嘴巴生在颔下，腹泛青白，有类鲇鱼，鱼身巨大无鳞，背上有一条竖立的鱼鳍，所以古人叫它鮍鱼是有道理的。不论多坚韧的渔网，鱼鳍一划而过，有如利剪裁帛，迎刃而分，由此才知道网鲴鱼一定要用滚钩的道理在此。自从在黄石港吃过一次鲴鱼，证明鲴鱼潆洄地区广袤，并不限于淮海一隅了。

抗战初期，政府南移，凡是来不及随军转进的，大家都麋集沪渎暂避尘嚣。有一天柳诒徵、柳贡禾叔侄修禊春酒，请吃鲴鱼，想不到清道人李百蟹也是座上客。久闻李百蟹大名，能获晋接欣幸之极，他除了大块吃肉之外，并且专拣鱼骨吸吮，据说："鱼肉固然甘肥适口，可是鱼的骨髓有同玉液琼浆，那比鲢鱼头脑、羊脂温润高明多矣。"自从这次得聆教益，嗣后每逢吃鲴鱼，对于鱼骨总是嘬咀唼喋，不轻言放弃。

世交徽州潘锡九、金陵周植庵，因为久

居邦江，对于鮰鱼，同有特嗜。民国十年春季，啬公张季直（謇）在南通召开大生纱厂理监事会，潘周邀我同去南通出席，这次结果非常圆满，啬翁前辈异常高兴，会后请潘、周、胡笔江及我宽住两天，请吃田四嫂拿手菜烧鮰鱼。田四嫂是苏北宜临人，曾经侍候过绣圣沈寿多年，沈在南通去世，田四嫂仍留张家，在小厨房工作。田受沈氏指点，颇得调羹之妙，蒸凫炙鸹，醇正昌博，尤其烹制鮰鱼，更是技擅易牙，巧手薪传。田四嫂烧鱼向来是不用鲜笋而用笋干，每年春笋上市，河虾正肥，洗出晶莹温润的虾子阴干，用极品白酱油浸泡经年，然后再把新上市春笋用虾子酱油泡上三五天，取出晒干，密封收藏，等烹制鮰鱼时候，开封使用。不但助鲜提味，而且色香味永，烹调精细入微，这是所吃过鮰鱼中的极品。大啖之余，此后每逢鮰鱼季节，对于田四嫂鮰鱼，都是念念不忘。据张季老说："欧梅阁落成后，曾经在阁内东楹请欧阳予倩、梅畹华吃鲴鱼，前清遗少小辫子刘公鲁，啬公知他酷嗜鲴鱼，曾折简相邀，惜他正值卧病，未能践约，事后自怨朵颐福薄，写了一篇情文并茂的《鲩鱼颂》，登在天津出版的《南金》杂志上，被袁寒云看见，说他馋人嘴脸、贪饕丑态跃然纸上。两人竟然为鲴鱼打起笔墨官司来，两支健笔，你来我往，煞是热闹，报界的张丹斧、郑逸梅由劝架都被卷入笔战漩涡，最后还是陈筱石知道后，请大家吃了一次鲴鱼来排解，这场官司才算落幕。"这段鲴鱼趣事，不是啬老亲口述说，外间恐怕知道的还不多呢！由此可见，鲴鱼对馋人的诱惑是多么大了。

佳肴入馔话鮰鱼

春江水暖，开年第一个上市的是河豚，接着是刀鱼，等到纤纤春笋一上市，鮰鱼也就接踵而至了。

鮰鱼原名鮠鱼，有人称之为鳠，鮠鮰同音后来就统称鮰鱼了。鮰鱼体大无鳞，背有肉鳍，常被人误为鲟鱼，鼻大眼小，口在颔下，腹似鲇鱼，普遍一尾都在二三十斤左右。它盛产于长江江淮一带，以里下河所产肉嫩而肥，渔人捉捕不用网罟，恐其挣脱，破网而逃，多用滚钩，因为鮰鱼肉肥易腐，离水之后，要立即冰藏，所以售价亦比一般鱼类昂贵。

鮰鱼溯江而游，产子后回游肉即变老，故应市极为短促，嗜食者若见鮰鱼，必须立即抢购，否则稍纵即逝，就要等待来年了。苏北乡间调侃人说："鮰鱼季你能吃五顿烧鮰鱼，今年才能算鸿运当头呢！"

鮰鱼既不宜清蒸，更没有干炸，十之八九，多半红烧。鮰鱼上市春笋正肥，如果上元没请春酒，鮰鱼上市可以再热闹一次，名词很雅，叫"补春厄"。鮰鱼只有中骨没有冗刺，把鮰鱼切成两寸见方骰子块儿，用重油文火煨炖，膘足脂润，宜饭宜酒，可以尽量大啖一番，比北方黄鱼季接姑奶奶吃侉炖黄鱼还来得实惠。

泰县谦益永盐栈，在周植庵前辈主持栈务时，每逢鮰鱼上市，他总要打电话到上海请胡笔江、唐寿民、王竹淇几位金融界老倌，还有笔者吃一顿春笋烧鮰鱼，美其名叫"惜春余"，庖人帅大庚擅长白烧，用鱼肚元蹄吊汤，银浆玉液胡唐两公都能吃尽两簋，看着都令人咋舌。

南通有一位田四嫂擅制鮰鱼，她用特制笋干虾子来烧，不但助味提鲜，而且色香味永，胡笔江吃过后回上海告诉过梅畹华，梅听了后悔得不得了，后来张謇公欧梅阁落成后，终于请梅畹华吃了一餐田四嫂烧鮰鱼，总算偿了夙愿！

菊前桂后忆鮰鱼

中国幅员广袤，江河湖海所产鳞介种类繁多，可是有一共同缺点，就是肉越细嫩，冗刺越多。有一次笔者被鱼刺卡住咽喉，不上不下，找医生动了小手术，才把鱼刺镊出，所以对于吃鱼，怀有戒心。不管鱼多鲜美，凡是刺多的一律停箸不吃。

有一年我到泰县谦益永盐号开股东年会，会后经理周植庵请我小酌，席上用白地青花三号海碗盛上一碗红烧鱼来，无头截尾，好像一碗走油蹄髈。主人声明这是厨房主厨的帅师傅特地给我烧的敬菜"冬笋烂鮰鱼"。周植老说："鮰鱼是里下河特产，银桂将谢，篱菊初绽，正是吃鮰鱼的时候。扬镇喜欢吃鮰鱼的朋友，真有赶来尝鲜的。帅师傅原是令祖用的家厨，做鮰鱼素称拿手。他听说少东家来了，又碰巧今天有新上市的鮰鱼，芹献之敬，你就多吃点，别辜负他一片诚心吧！"帅师傅做的鮰鱼，咸淡适度，肉紧且细，芳而不濡，爽而不腻，吃了四大块鱼肉，只出一根大刺，在我吃过的鮰鱼类里，鱼算是最大快朵颐的美肴了。

后来于役武汉，时常到硚口的武鸣园吃河豚，跟堂倌混熟。他告诉我，鮰鱼是鱼里最肥润的一种，等鮰鱼上市，请我去尝尝，就知道它有多好吃啦！武汉绥靖公署同寅赵知柏兄，他的尊人经营渔业公司，所以对于各种鱼类颇有研究，他说："鮰鱼在《本草纲目》中，称作'鮠鱼'，是江淮间所产无鳞鱼的一种，也算鲟属，头尾身鳍俱似鲟，鼻短，口在颔下，腹似鲇鱼，身有肉鳍，'鮰'、'鮠'音极近似。大家叫惯鮰鱼，'鮠鱼'这个名词，反而变为冷僻，没人知晓了。"知柏兄引经据典而谈，他的话是信而有征的。赵兄认为武鸣园虽然在汉口甚为有名，他家的河豚，吃过的人从未出过事，但武鸣园的鮰鱼不过是汤浓味厚，实在不如鮰鱼大王刘开榜的手艺，有机会你到刘开榜酒楼吃一次就知道他与众不同啦！

　　果然过不几天，绥靖公署办公厅主任陈炽新（光组）给刘多荃旅长在刘开榜酒楼接风，用的是整桌鮰鱼席，煎、炒、烹、炸、蒸、汆、炖、烩，一律以鮰鱼为主体。刘开榜跟陈氏的渊源甚深，当时陈在武汉又是炙手可热的人物，这一桌菜，甘鲜腴肪，味各不同。他家最脍炙人口的鱼杂炖豆腐，刘氏连吃三碗，仿佛意犹未足。同座既济水电公司经理刘少岩，在武汉饮食界向称大手笔，也承认从未吃过这样郁郁菲菲、众香发越的鱼席。

　　刘少岩兄说："黄石港水泥厂的厨师苏万

弓，是武昌四大徽馆之一的太白楼的头厨，做鮰鱼另有独到之处。因为鮰鱼要等它溯江而上网捕来吃，等游到宜昌一带产卵而回，肉老而瘪，就不叫鮰而叫鳟了。"于是决定下一星期，由少岩兄假座黄石港水泥厂的贵宾室，再痛痛快快吃一次鮰鱼。那天还来了一位不速之客，农民银行总经理吕汉云，他祖籍杭州寄籍湖北，家里开有糟坊。他带来半打自己酿制的"九酝桂花露"，色如琥珀，溅齿流甘，旨酒佳肴，相得益彰。

苏厨是日除了酒菜外，主菜是红烧鮰鱼、白烧鮰鱼各一陶盉。盉有两耳，盖顶踞一猛虎，式样古拙，而且分量奇重，用来煨炖菜肴，绝不散香漏气。一般吃鮰鱼爱红烧者，嗜其膏润芳鲜，爱吃白炖者品其琼厄真味，所以红白双上，让客人唏啜恣飨，各取所嗜。"鮰鱼荠菜羹"，鮰鱼无小刺，除去中骨边刺，用鸡汤一汆，勾芡加白胡椒绿香菜，另附油炸细粉丝一盘，呷羹时可以和入，听客自取，热螯翻丝，有类霱云，跟北平春华楼银丝牛肉有异曲同工之妙。最后大菜叫"馉饳菜"，光组兄说这个菜名来源甚古，青精玉芝，蟹螯翅鲍，尝鼎一脔，百味杂陈。鮰鱼汁露精美，比诸一品锅佛跳墙，犹胜一筹。

这一席香醪妙馔，羽觞尽醉，推潭仆远，回味醰醰，一晃数十年，大概是七八或十多年前在台北市琼华楼跟陈炽新同席，他跟我赌酒猜拳，他说："想起黄石港吃鱼的盛况，大家兴高采烈，恍如昨日，现在恐怕只有你我二人了。"算来算去，真是只剩下我们两个老厌物了，谁知过了不久他也驾返道山。台湾没有看见过鮰鱼，就是有人弄一桌鮰鱼席出来，现在只有颓然一老，我也没有当年的豪情逸兴了。

富贵人爱牡丹花

　　我因为有一次吃鱼，鱼刺卡住嗓子，深入气管，吞不下，抠不出，到了医院刀剪并施，镊钳兼用，费了两小时，才把鱼刺拔除。从此对于冗刺太多的鱼，都不敢下箸，所以对鱼类中的鲴鱼特别欣赏，因为它肉厚且肥，只有骨刺，可以放心大嚼，不致有卡刺之虞。

　　湖北黄石港、苏北里下河所产的鲴鱼都是膘足肉嫩，所以武汉扬镇人士讲究吃鲴鱼。汉口刘开榜是远近驰名的鲴鱼大王，镇江迎站居宋嫂的白烧鲴鱼，更是脍炙人口。刘开榜从鲴鱼上市到下市总是食客盈门，至于迎站居宋嫂的白烧鲴鱼，不是知味之人，宋嫂还不肯一献身手呢！鮰鱼以红烧炒鱼片为主，会做白烧的还颇为仅见。

桥口的武鸣园也是以鮰鱼驰名大江南北的，鮰鱼红烧炒鱼片氽汤都好，最拿手的鮰鱼杂烧豆腐，白华赤实、甘鲜腴肪，台湾的湖北馆子也有鱼杂豆腐一味，因为不是鮰鱼的杂，自然味道逊色多矣。

当年汉口有个唱汉戏的坤伶叫"小牡丹花"的，绮年玉貌，色艺均佳，武汉三镇倾倒在她石榴裙下的王孙公子颇不乏人。她的母亲人称阿根嫂，徐娘半老，俏丽道整，烧得一手好菜，最擅长的是能用鮰鱼烧整桌酒席。笔者当年住在汉口兰陵路跟市长吴国桢比邻而居，他有一天要外出参加一个重要会议，车子忽然发动不起来，于是匆匆借我的车子去赴会，等他车子修好，我再坐他的车子外出。二十年武汉大水时，我帮武汉绥靖主任公署做过一些救济军眷工作，主任是何雪竹（成濬）先生，他和我爱吃鮰鱼，于是由既济水电公司经理刘少岩跟总参议朱传经出面，在咸安坊小牡丹花家请我吃鲴鱼席，清鳔紫鳞，醯酢为羹，风味纯美。不料我坐的车子停在咸安坊美的冰室左边，正好紧靠小牡丹花家侧门，楚报记者凌梅痴从旁经过，见小牡丹花家停有市长座车，于是在报上写了一篇《富贵人爱牡丹花》。吴市长知道车由我坐，所以一笑置之，可是他的机要秘书伍庄，认为非澄清不可。后来经沈肇年、贾士毅两位财政厅长记得当晚跟吴氏在一起聚餐开会，并有照片为证，由我在醉乡请了一桌客才把这风波平息。这都是我嘴馋惹出来的麻烦，现在想想已经是半世纪以前的事了。

江南珍味苏州无锡船菜

民国十六七年，旅居沪堧，在山景园吃了一次无锡菜，感觉畜羹鲔脍，色清味甜，自成馨逸。同座友人又盛夸无锡雕蚶镂蛤，备极鲜美，于是动了逛逛鼋头渚，尝尝味压江南的船菜的念头。谈到吃船菜，上海太平银行经理万茂之、周涤垠两位表兄弟，都是识途老马，而且门槛特精。我们一行六人，乘沪宁特快，到了无锡先下榻满庭芳大旅社，准备第二天游太湖，吃船菜。

当年先慈在苏州到七紫山灵岩进香礼佛，是包一只三舱两篷、竹帘锦幄的大船，一开船就是川流不息的各样甜咸素点，下午烧完香回程，船家在日落西山的时候，如果不是吃长斋的香客，他们就开始开席了，清缥紫鳞，奇味杂错，无不精美。这一桌菜，有个名堂叫"开斋席"，不但口味各异，而且花色繁多，一直吃到下船，才放箸停杯。这一天的花费，当然比苏州最贵的酒席还要拍双。可是唼喋百品，恣飨竟日，也还算值得。

我以为无锡船菜，跟苏州船烹还不是大同小异，实则大相径庭。无锡的船菜，聚集在城外西北角上，北门外往西，是很宽的一条碎石子马路，路北有一排河房，风棂水槛，浮道相通。除了几家著名的饭馆子外，其余都是廊腰缦回、帘轻幕垂的"长三堂子"，也就是台湾所说绿灯户。这些房子在后半段都有风棂水槛厅，伸延到河面上。甚且有些娼家自备画栋朱帘、钿椅螺榻、备极风华的画舫。这些画舫不但中庭宏敞，可以摆一桌酒席，还可以放上一张牌桌，大家出入穿行，均无妨碍。以前无锡士绅宴客，多是在画舫上先行竹战、清唱、游河，然后才开席饮酒进膳，这样游乐，叫"坐灯船"，是早年最豪华高级的享受了。这条河道虽非巨流，但是可以直通运河，顺流北上，直航平津。不过自从京浦通车以来，大家为了经济省时，都改乘火车，谁都无此雅兴了。

　　我们此行，一切听万茂之提调，雇了一艘汽艇，拖着画舫在无锡附近的鼋头渚、太湖玩了半天。一路上潭清玄镜，空水澄鲜，这是江南特有的气氛，紫塞荒漠的人是无法想象得到的。茂之昆季是吃菜坐船行家，他们说坐灯船最好不要吃酒席，今天叫的是哪几位姑娘，就点她们的拿手菜。我虽有贪吃的盛名，可是哪位姑娘会什么拿手菜，我是山东人吃麦冬——一懂不懂，只好请茂之、涤垠昆季点菜了。

　　无锡船菜，最高明的吃法是不拘样式，让姑娘们每人做一两道自己的拿手菜，哪怕嫣红做的是糟鸡，姹紫做的也是糟鸡，但是吃到嘴里，可能手法差异，风味迥然不同。周涤垠说："早些年'阿听娘'调教出来的近十位倌人，每位都是烹调高手，不两年都被豪商巨富量珠载去，现在应时当令的是'苏阿姐'手下的四块玉，玉玲珑、玉晚香、玉彩霞、玉灵芝。今天我们虽然不用整桌席，可都是玉手亲调拿手好菜。无锡菜向来以甜出名，恐怕各位对过甜的菜肴吃不习惯，所以关照她们，应当放糖的菜尽量少放。"

玉玲珑家庭是太湖边上的渔户，所以她选虾、抽肠、剪须都特别拿手。无锡聚丰园以炝活虾出名，而玉玲珑的雪炝水晶虾，能盖过聚丰园。因为船菜用料少，所以选虾特别精细。她把水晶虾的须尾挠脚通通剪掉，抽去沙肠，用麻油、酱油、胡椒粉、葱末儿，把虾浸润一下，用碗扣上，等掀开时再拌上高绵白糖，所以叫雪炝水晶虾，比炝活虾掀开碗盖儿活虾满台蹦跳的吃法要入味多了。

玉晚香的拿手菜是蟹粉鱼唇。无锡梁溪

有一种螃蟹，肥而坚实，脚爪是白色的，当地人称之为玉爪蟹；剔出蟹肉，跟鱼唇合煮，腴润鲜美，比鱼翅犹为醇厚。

脆鳝、肉骨头，都是闻名全国的无锡菜，玉彩霞对这两样小菜都很拿手。玉彩霞说："无锡最讲究粗鳗细鳝，鳗鱼是越大肉越嫩，鳝鱼要选手指粗细的，鱼肉才有甘滑细润的滋味。鳝鱼要先在水里煮一滚，然后捞出来剔除肠骨，这样煮过的鳝鱼，鱼血不致流失，对于贫血的人最为滋补。把鳝鱼切成段，用老酒、酱油、冰糖末煨个十多分钟。入油锅大火猛炸，炸成一条一条脆脆的鳝鱼丝拿来下酒。"南馔珍味可算一绝。

坐沪宁快车，或是京浦通车，凡是在无锡停靠，月台上有小贩叫卖肉骨头的，每回带点回家下酒，滋味也还不错。玉彩霞做的肉骨头，比小贩卖的，不但高明而且味道不同。她说，做肉骨头要选肉嫩的肋骨切成大骨块，一般卖肉骨头的为了颜色泛红漂亮，同时卖不完可以多放两天，大都用硝腌上一半天。她做只用酱油、酒、冰糖末、八角、茴香泡上一个对时，然后放到老卤里，把锅盖儿盖严，先用大火，后用文火慢慢炖。因为船菜上的肉骨头，都是现做现吃，必须糜烂入味才能膘浇滑美，所以用不着加硝了。

玉灵芝是苏州荡口真正的吴娃，原本是苏州船娘做斋菜能手。我们一行李骏孙、榴孙、竺孙三兄弟，都是从小茹素的，万茂之特地找她来做几样斋菜让李氏兄弟尝尝。她一人做了四菜一汤。四菜我只尝了素鹅、臭干子两样。素鹅是用湿豆腐皮裹上香菜、胡萝卜、笋丝、冬菇、木耳炸过再熏，色呈金黄，吃到嘴里别具馨逸。此菜端上桌来一扫而光，比荤菜更受欢迎，大家公认的鹅肉绝无如此清隽甘醇。另一道是臭干子。芜湖臭干子本已驰名南北，而合肥李相府所做的臭干子是赫赫有名，给他们李家人吃臭干子，岂不是孔夫子门前卖三字经吗？谁知玉灵芝的臭干子，另具柔香，不输合肥李府所制。做臭干子的老卤，有用苋菜根的，也有用毛笋片的。把苋菜梗子切成三寸多长，用温水泡起来，泡上十多天，自然众香发越，再泡白豆干，吃时放上冬菇、冬菜、榨菜上锅大蒸。恶者菜上掩鼻，嗜之者认为上食珍味，那就是见仁见智，所嗜各有不同了。

久听人说无锡船菜太甜，我们吃的几样，绝无过甜感觉。前几天香港来人说万、周两位与李氏已归道山，怅望人琴，恍如一梦。

常州大麻糕、豆炙饼

我一吃到常州大麻糕，就想起北平的吊炉烧饼来了，两者都是香而不腻，夹肉食固佳，夹蔬菜更妙。常州各式面点都细巧精致，后来虽然烙成蟹壳黄大小式样，其实最原始是半个鞋底大弓，笨里笨气，所以才叫"大麻糕"。常州大麻糕以惠民楼做的最负盛名，每天清晨、下午，人们总是围着烘炉等新出炉的大麻糕当早点或下午茶吃。我每次到常州公干，带三五十只回上海，总是一抢而光。先慈最喜欢用雪里蕻炒黄豆芽夹大麻糕吃，认为是绝味，所以我每次去总要买些带回上海。

豆炙饼是全国其他各地都没有，而只为常州所独有的一种点心，也有人叫它"豆渣饼"。它可不是普通豆腐渣做的，而是特地把白豇豆磨成粉烘制的。他们用白豇豆粉调制成比银圆大一点儿的饼，在铁铛子上抹点油慢慢烘烤，烤得外面焦黄，中心空凸。可是因为豆炙饼不雅驯，大家都叫它"金钱饼"。用小刀剖开，塞上碎肉虾仁，入油炸熟，称为"金钱跑马"，后来变成南大街会泉楼的名菜。

李调生先生生前如有熟朋友到常州做客，他会约你到城北大街父子牌楼孙老太婆开的孙家酒店，叫一客蛤蜊豆腐泡金钱饼吃，的确别有风味。

后来我回上海跟其弟飞生夸称在他们家乡尝得异味，飞生还笑他老兄吃的门槛不精，如果到绿杨邨饭店，叫一个红烧鸳鸯，留一半烩金钱饼，豇豆粉有吸湿作用，能把鱼汁吸到饼内，那才够味呢！后来几次到常州，

都想去吃一次，可惜一直没有空，未能一尝
异味。

常州菜饼

　　咱们中国人和印度人，是亚洲两大民族，大概是最喜爱吃饼的民族了。根据一位印度朋友说："我们印度烙、烘、烤各式各样做法的饼差不多有三四十种之多，一家堂堂正正的饭馆，最少也得有六七种不同的饼类应市，否则只能算是饭摊儿，不能称为饭馆子了。"

　　咱们中国幅员辽阔，自东徂西，从南到北，甭说饼的种类，就拿和面用的水来说，就分凉水、热水、温吞水，发面、死面、饧面，谈到饼的做法花样，比印度饼的做法，多上一倍恐怕还不止呢。

　　民国初年，印度诗人泰戈尔来华讲学，

在北京大学设讲座，有一篇论诗的文章在商务印书馆出版的《小说月报》上发表，他说："中国文化真是浩若瀚海，拿饼来说吧，在印度时我认为印度做的饼，可算是世界上花样最多的国家了。哪知道到了中国，吃了中国各式各样种类繁多的饼，才知道印度文化跟中国文化一比较，如同吃饼一样，真是小巫见大巫了。"他这话虽然是句笑谈，但可以证明他对中国的饼是十分欣赏的，而中国饼的种类，实在是太多了。

中国人吃面的风气也是南北各异其趣的：黄河流域以面为主食，三天不吃面，就觉得浑身不是滋味；长江流域各省只能拿面食当点心，如果以面代饭，总觉得没吃饱似的；至于珠江流域，连虾饺、粉果、烧卖的外皮，都用大米磨碎的澄粉来做，大概只有发面的蒸食，不得已才用面粉，平常简直是不吃面粉的。

据说中国最会吃面食的省份是山西省，

巧手的主妇，能做出七十几种不同的面食来。笔者虽然没有吃过七十几种山西面食，可是三四十种是有的。以笔者的品评，面食中饼的花样最多，因为常常花样变得多，口味换得勤，所以觉得饼最不容易让人吃厌。可是吃来尝去，中国饼类最好的一种，不是山西的饼，而是江苏的"常州菜饼"。

常州菜饼又叫"烂菜饼"，据名报人濮伯欣（一乘）说："在明朝末年，常州有位孝子叫萧公亮的，因为母亲老迈，牙齿摇落，胃纳不开，萧孝子为了娱亲，试做这种菜饼，不但适口开胃，而且不需过分咀嚼，吞下去也不影响消化。后来这种菜饼流传开来，所以早先有人又叫它'萧公饼'。"

做菜饼馅子、和面是两项最重要的工作，做菜饼的菜以菠菜、小白菜各半为正宗，没有菠菜、小白菜的时候，用野生荠菜或是苋菜、萝卜的也可以。不论用什么青菜，总以剁得越碎越烂越好，三七成肥瘦猪肉剁成肉酱，加油、酱、姜、葱炒成细肉末，小河虾剁烂加少许胡椒粉，一并加入菜里拌匀。馅做好就要和面啦，和做菜饼的面是需要高度技巧的。面一律用高筋的，先把面粉放在盆里用凉水稀释后，拿擀面杖或是搅拌器顺着同一方向，慢慢地搅和；搅到面已起劲，然后揪下一块，捏成一块面片，把菜馅放在其中，从四边把面拉起包好；在平底锅上，用铲子压成饼状，轻油文火慢慢烤熟。这种菜饼以季节来说是朝霞沆瀣，四季咸宜，盘香翡翠，对于老人更能促进食欲，膏润脏腑。在南方面点中，常州菜饼的确称得上是逸品。

抗战之前，财政部常务次长李调生是常州人，因为他本人酷嗜菜饼，所以调教出来的庖人，做的菜饼也非常拿手。李府约友小聚，登盘翠盖，最后少不得总有一味菜饼呷稀饭。当时财政部部长是孔庸之先生，孔是山西太谷人，他的家乡是会做面食出名的。他自从吃李家菜饼之后跟人说："吃面食花样翻新，全国各省山西不属第一也属第二，可是要论精巧细致，那大家还是到李调生家吃菜饼吧。"由此可见，常州菜饼是多么名贵了。现在在台湾的常州同乡一定不少，会做地道常州菜饼的一定也大有人在呢。

南京马祥兴的三道名菜

　　明太祖朱元璋定都南京后，洪武二十四年下令徙天下富民于白下，把个金陵城修建得雉堞坚新，号称银铸。就拿城砖来说，可以把它截成磨刀石来磨精细的剃头刀，刻意经营程度，可见一斑。至于秘苑灵宫，更是银楼金阙，回环九闱。为了繁荣市面，还在秦淮河建了十六处明楼，风窗露槛，柱绕雅韵，全国财富珍玩悉萃于斯。而各地烹饪大师也都集中在南京，鼎俎豕腊，其味千千，故而"食在南京"是渊源有自的。当年好啖的朋友来到南京，大概没有不光顾马祥兴的。据熟于南京掌故的朋友说，"马祥兴就是洪武年间创业的老馆子"。

马祥兴设在南门外，是一幢带楼的铺面房，楼上楼下一共设有三十几张方桌，榆木擦漆，用碱水洗得锃光瓦亮，显得非常古朴干净，是清真馆的特色。国民政府在南京的时候冠盖云集，马祥兴每天要卖两三百只肥鸭。他家把鸭子的胰脏用武火炊炒，琼瑶香脆，食不留渣。也不知哪位好啖之士，给它取名"美人肝"，久而久之，驰名中外，连不喜欢吃内脏的欧美人士尝过之后，也赞不绝口，诧为异味。

挹江门有一条溪光澄练的河流，所产河虾，肉嫩且细，而且透明。将虾剥去头壳，留半截虾尾不剥，清炒之后，登盘荐餐，每只虾蜷曲成环，一半晶莹剔透，一半金光闪烁，并且还留一个折扇形小尾巴，很像凤尾，白健生给它取名"凤尾虾"。现在台北好多江浙馆子都有这道菜，可是虾的本质、炸烹火候可就差多啦。

"松鼠鱼"也是马祥兴拿手菜。"松鼠鱼"一定要用蒜瓣肉的大黄鱼，黄鱼淡季，他家也绝不用鲤鱼或别的鱼代替。把鱼肉横切，深浅要连而不断，裹一道稀芡粉，用油炸成金黄色，酥而且松，淋了糖醋姜末汁子上桌，用筷子一夹，一条一条的鱼肉有如松鼠一样。鱼刺因为让刀得法，可以放心大啖。此间饭馆也有所谓松鼠鱼，有什么鱼就用什么鱼，切上几道横纹，用芡又厚，再加上炸的火候不准，端上桌来夹不开撕不断，鱼刺满嘴，您说能不能叫松鼠鱼？这三道菜，是马祥兴的三绝，会吃的朋友，到南京马祥兴小吃，没有不点这三样菜的。

　　汪兆铭虽然是广东人，可是对于马祥兴教门馆子特别欣赏，他在抗战之前行政院院长任内，因为陈璧君干涉到行政人事问题，两人大吵特吵，到了午夜气消之后，忽然想消夜，并且想吃马祥兴的"美人肝"。马祥兴在中华门外，又值宵禁时期，城门早已关闭，副官人等急得束手无策。幸亏当时姑爷褚民谊还在汪公馆没走，他是有名会逢迎的马屁精，立刻拿特别通行证，叫开城门，把马祥兴的厨师接进城来给汪做"美人肝"消夜，这件事在南京传为趣谈。

宜兴的腻痴孵

　　同寅宜兴周祖基，在民国二十年武汉大水感染疟疾，病逝汉口。周府在宜兴原本巨族，不过祖基这房人丁稀薄，仅赖祖基夫人带着独子小敬支撑门户。小敬虽然是大夏大学毕业，为了谋职方便，我把他推介进入统税人员养成所，接受短期专业训练，结训后被分发汉口金龙面粉厂担任驻厂员。第二年笔者奉派到苏浙皖三省调查土酒税稽征情形，在宜兴有两天耽搁，小敬特地请了一星期事假，回乡省亲。

　　我到了宜兴，小敬约我到他家吃顿便饭，我因事忙抽不出时间，小敬说，他的老母有一道拿手菜，一定让我去尝尝。

他家这道名菜叫"腻痴孵"，外乡人自然没吃过，这个菜名恐怕也没听说过。痴孵是一种鱼，也有人叫"痴虎鱼"，真正学名叫"吐鮍"，头小顶圆，鱼体细长，以三寸大小，鱼肉最为滑嫩。捉捕痴虎鱼，既不需钓竿，更不需网罟，在深水溪涧河下旧草鞋，两边绷上两块破瓦片，给它们作窝，傍晚放下去，用竹竿树枝在河里搅和一阵，把水弄浑，它们就会躲进草鞋里过夜。第二天晨光熹微，到河边把草鞋捞起来，总是成双成对相依相偎在草鞋里任人摆布，绝不游窜。头一天做上十个二十个草鞋窝，第二天准保有一大盘痴孵荐餐了。

这种鱼，公鱼脂肪腴厚，雌鱼满肚鱼子，把鱼剖腹去鳞取出内脏，洗净放在锅里，加水浸过鱼身，放几片生姜，滴几滴老酒，等到半熟就捞起来，斩头去尾剔去中骨——这种鱼没有小刺——剔出鱼肉和鱼子、脂肪备用，生猪肉切丝，中腰封火腿、干丝、笋丝、金钩切碎，加配料快炒起锅，最后放入鱼肉、鱼子、脂肪翻炒，加高汤一大碗，加适量盐、糖、姜、酒、高醋，最后加芡粉搅到起稠，离火起锅，放入胡椒、芫荽，趁热进食，味道腴滑鲜美，比诸炒蟹糊更为玉浆香泛，明透如脂。这一道腻痴孵当然是周大嫂精心细制，比一般做法细致多多。有一年贾果老（士毅）请客，他夸称他的庖人三阳子所制腻痴孵可称宜兴第一高手，但我尝了之后，比周大嫂所制尚稍逊一筹呢！

南京教门的桂花鸭子

　　六月底忽感胃纳不适，于是住入医院，做全身彻底检查。既非卧床之症，每天晚饭后夜阑人静，几位没有大病的病人，总要到病房外面透透气，找人聊聊天。其中有位南京詹吉第君，知道我是在报上常写吃食的人，他提出一个问题很有趣味。他说："为什么南京城里城外大小清真教的饭馆都多？"

　　我说："我第一次到南京，发现城西一带穆斯林人数众多、清真寺多、教门馆子多，世交江士新兄告诉我说，因为明太祖的马皇后是一位穆斯林，所以回教在明初极为盛行。后来到几座大的清真寺巡礼，发现那些寺院都是洪武年间兴建的，才知所言不假。"

后来在一次酒席筵间跟江亢虎先生同席，江氏词锋很健，依据他的考证，认为朱元璋原本也是穆斯林，否则郭子兴不会把近戚马皇后嫁给不同教的部将。至于明初大将常遇春、胡大海、沐英也都是天方教人氏。这件事我很想深入考证，可是一直抽不出时间。江亢老说得有鼻子有眼，就姑且信以为真吧！

谈到教门馆子，饮食卫生是特别讲究的，牛羊鸡鸭一律活杀放血，而且割烹也比较精细，鸡鸭永远是收拾得干干净净，让您看不见皮里肉外一根根毛桩子。因此南京清真馆做的油鸡、桂花鸭子也就驰名全国。

其实南京鸭子供应，十之八九来自安徽芜湖、巢县等地，小鸭子孵出来个把月，就由鸭贩子带着"牧鸭犬"一站一站往南京赶。沿路上田边河汉拾谷粒、吃泥鳅，外带随时洗澡。鸭子一路上跑马拉松，又吃的是活食，自然特别肥硕健壮，所以做出来的白油板鸭、琵琶鸭子，尤其中秋前后做的桂花鸭子特别腴润，别有风味。

吃在上海

珍馐美味汇集上海

谈到饮食，北平是累世皇都，上方玉食，自然萃集大成，珍错毕备。中国有句老话，说"吃在广州"，红棉饮馔，羊城烹割，固然精致细腻，可是精则精矣，却谈不上博。上海自从通商开埠，各地商贾云集，华洋杂处，豪门巨室，有的是钞票，但求一恣口腹之嗜，花多少钱都是不在乎的，于是全国各省珍馐美味在上海一地集其大成，真是有美皆备。只要您肯花钱，可以说想吃什么就有什么。

上海的饭馆，最早是徽帮的天下，继而

苏、锡、昆、常各县形成一股力量，有所谓本地帮崛起。后来苏北的人来上海的，日见其多，淮扬帮的菜在乾隆皇帝三下江南，就迭蒙御赏，淮扬菜肴早就驰誉全国，很快地也在上海扎根。海禁一开，广东人在上海的势力日趋雄厚，广东人又最团结，饮食又讲究清醇淡雅，不像沪帮、扬帮的浓厚油腻，随后广东菜馆就像雨后春笋一般开起来，在上海滩反而后来居上。抗战之前到抗战初期，粤菜反而变成上海饮食界主流了。至于川、湘、鄂、闽、云、贵、平、晋各省的饭馆，家数不多，虽聊备一格，可是各有各的拿手菜，也能拉住一部分老饕。

瓦钵腊味饭、烧腊鸭脚包

我们先谈谈广东菜吧。老资格的广东菜馆，要算南京路的大三元了，在广东长堤的大三元本来是广州四大酒家之一，早就享有盛名。上海分号的大三元，都是些平平实实的广东的普通菜肴，并没有什么特别菜。可是真正吃客，到大三元吃饭一定要点瓦钵腊味饭，因为大三元做烧腊的大师傅是东江请来的第一把高手。选肉精细，制造严格，咸中微甜，甜里带鲜，不像台湾所谓名牌香肠，甜得不能进口。他家烧腊中的鸭脚包，的确是下酒的隽品，鸭掌只只肥硕入味，中间嵌上一片肥腊味，用卤好的鸡鸭肠捆扎，每天下午三点开卖，总是一抢而光。他家的鸭脚包，在上海虽有若干卖广东腊味的，可是谁也比不了大三元。

南京路的新雅，是以环境清洁卫生称雄上海的。我们常说，饭馆的菜虽然好吃，可是厨房不能看；人家新雅的厨房可不同啦，不但不怕人看，而且欢迎客人前去参观。欧美人士到上海，最喜欢到新雅吃饭，因为他们看过厨房如此干净，可以放胆大嚼，不必担心泻肚啦。新雅菜的特点，用油比较清淡，北方人吃起来，也许觉得味道不够浓厚，可是恰好适合欧美国际友人的口味。每到饭馆门口楼下楼上，举目一看，外国仕女，真比中国人还多。他家小型冬瓜盅，是最受顾客称赞的，冬瓜只有台湾生产的小玉西瓜一般大小，又鲜又嫩，比肉厚皮粗的大冬瓜，简直不可同日而语了。他家煎糟白咸鱼、辣椒酱，都卖小碟，是最佳的下饭菜，到新雅来吃饭的客人，不论中外，这两个物美价廉的菜，总是少不了的。

爱多亚路南京戏院对面的红棉酒楼，有人说他家是广东菜的竹杠大王，其实那要看你怎么吃。有一对中年新婚夫妇到红棉吃便饭，要了一个干烧冬笋。先生在新夫人面前，要表示自己对吃很内行，于是关照堂倌，冬笋越嫩越好。等吃完一看账单，可就傻了眼啦，这一盘干烧冬笋的价钱，把两人口袋掏光，才勉强够付账的。问堂倌这盘菜何以这么贵，堂倌马上叫厨房里抬出两大筐冬笋，都是去掉笋尖的，这对夫妇只好照单付账。

另外笔者一位朋友的妹妹和如夫人，在南京大戏院看完电影，就顺步进了红棉晚餐，要一份小盆蟹黄翅羹，觉得味道不错，叫堂倌再来一份。堂倌一看这二位是阔吃客，当时推荐今天有鲍鱼大包翅，两人也就欣然来了一份中盘的，的确汁稠味浓，火功恰到好处。可是吃完一结账，两人倾囊以付，尚且不够，只好把灰背大衣留下做押，才能出门。

笔者知道了这件事，特地约了两位朋友到红棉小酌，跟账房总管聊了一阵子，才明白他们对于真正吃客绝不宰人，要是碰上自命不凡烧包的朋友，开个小玩笑或许有之。我告诉他们，这种作风，对生意是有影响的。他们很听劝，后来居然把这个毛病改了。老实说红棉的广东菜，讲烹调技术，不但在上海要属第一，就是跟广州、香港比手艺，也是毫不逊色的。他的头厨是广州陶陶酒家出来的，一味卷筒鳜鱼，真是细嫩柔滑，整盘鱼卷不作兴发现一根鱼刺。梁均默先生是吃广东菜名家（广东叫食家），他说粤菜虽然说比较清淡，可是大鲍翅、全蛇羹、龙虎斗一类菜，也不是轻描淡写的，要做到腴而不腻、厚而不滞，才算上选，上海的红棉算是够得上这个条件啦。

珍品佳肴风味各异

南京路派克路口后来开了一家怡红酒家，门面虽然不大，可是他家有一菜一点，招徕了若干食客。菜是烤小猪，点心是灌汤饺。

所谓烤小猪，他家所用的小猪，绝对是乳猪。他们在龙华有牧场，他家的猪，饲料考究，饲期适当，子猪就先比别家地道，烤出来的乳猪焉能不好？同时他家吃乳猪蘸的酱，也是自家调制，味道也跟别家不同。至于灌汤饺，是用飞箩面擀皮，其薄如纸，内外透明，一兜卤汤，好像没馅，汤汁腴美，百吃不厌。同时用油绿小秋叶托衬，放在垩白飞边小瓷盏里，每盏三只，白绿相间，看着都令人发生美感，甭说吃啦。数十年来，只在怡红吃过这种隽品，有的广东馆子连这个名字还不知道呢。

虹口地区，在民国十六七年，市面日趋繁荣，旅店酒家，也越开越多。税务署主任秘书董仲鼎、声甫兄弟，都是广府菜的大吃客，哥儿俩一高兴，在虹口开了一个秀色酒家，文人手笔，跟一般生意自不相同。特辟几间雅室，碧树红栏，清标拔俗，饮馔器皿，全是订烧细瓷，跟一般酒家银器台面，俗雅立判。所做的掌翼煲，是秀色招牌菜。

所谓掌翼煲的材料，其实就是鸡鸭脚翅，先把掌翅炸到颜色金黄，用陶罐加高汤配料煮到酥烂，上桌的时候，架在小酒精炉上，脚掌都有大量胶质，越煲香味越浓，吃完剩下半罐浓汁，用来炖豆腐或者是熬黄芽白，更是绝妙的下饭菜。有时候买到羊蹄，也卖羊蹄煲。因为材料调配得适当，不但毫无一点膻味，而且浓郁腴润，是冬令进补的极品。

陈筱石晚年腿脚发软，名医张简斋告诉他最好是吃炖羊蹄，自然慢慢会步履如常。不过江南人怕膻，只有隆冬进补。平日羊肉销路不旺，所以羊蹄不一定每天买得到。秀色一有羊蹄，总要给陈筱帅公馆送两煲去。听说台北有一家餐厅偶或也有羊蹄卖，说是他家新发明的，其实羊蹄煲早在四十年前，已经有人偏过啦。

上海广东饭馆一到立冬就拿冬令进补龙虎斗、三蛇大会来号召，先母舅因为在广东住了几十年，对于广东菜特别有研究。据他老人家品尝结果，在上海吃蛇肉，要算虹口的陶陶酒家最为货真价实，不耍滑头。三蛇大会是三条不同的毒蛇，一条叫过树榕，一条叫金甲带，一条叫饭匙头，专门治理三焦湿热恶毒。如果再加一条贯中蛇，就叫全蛇大会。这条贯中蛇，能把上中下三焦豁然贯通，虽然贯中蛇只有拇指粗细，二尺多长，可是全蛇大会的酒席，比三蛇大会要贵上一倍。据说这几种毒蛇，都是广西十万大山特产。广东有所谓蛇行，跟鸡鸭行一样，一交立秋，蛇行的捕蛇专家，就结伙进山捕蛇了。贯中蛇最少，可是治病方面，必须有贯中蛇，效果才能特别显著，所以不论哪家捉捕到贯中蛇，都要归公分配。请客吃全蛇大会，在主人来说，算是大手笔的光彩盛典。

笔者在上海曾经参加过一次全蛇大会，首先是吃蛇胆酒，堂倌把四只蛇胆扎在一只银叉上，一个小银盘子放着一枚带把银针，一只小银夹子。每人面前一杯烈性酒，大半都是白兰地，由堂倌用针把四粒蛇胆扎破，每粒胆在客人酒杯各滴一滴，最后轮到主人。每粒胆要不多不少恰好各刺两滴滴到主人酒杯里，于是大家鼓掌致谢举杯，主人此时要对这个堂倌放赏。全桌酒席，不论煎炒烹炸，每个菜里都少不了蛇肉。蛇肉煮熟很像鸡丝。

鳝鱼横切面还看得出有纹理，蛇肉反而一点也看不出来。最后是一只巨型银鼎，鸡丝蛇丝鱼翅鲍鱼大杂烩，每位可以尽量吃饱。鼎里是各味俱全，鲜则鲜矣，但是过分驳杂，说不出有什么独特风味来。蛇会终席，主人宣布，请大家到先施公司浴德池洗澡。人家吃蛇老举，每人都携带换洗内衣裤而来，只有笔者是个大外行根本没带，于是让家里把内衣裤送到澡堂子去。等到解衣下池，腋下腿弯，都有黄色汗渍，据说这就是吃全蛇的功效，把风湿都从汗水里蒸发出来了。所以请吃全蛇，主人一定附带请洗澡。笔者因吃全蛇而露怯，虽然事隔四十多年，仍然记得清清楚楚。

憩虹庐的粉果

虹口爱普罗电影院旁边有一家餐厅叫"憩虹庐"，是光绪二十九年（1903）恩正并科的一位传胪黎湛枝后人开设的。跟黎同科的状元是王寿彭，黎的别号啸虹，所以王寿彭给他饭馆起名憩虹庐，门匾也是这位状元公的亲笔。据说他家的清炖牛脊髓、太史田鸡都是南海梁鼎芬太史口授亲传，非常有名。可惜笔者去了几次都口福欠佳没吃着。

憩虹庐最著名的是粉果。任何一个广东馆，一盅两件都是小碟小盏，单独憩虹庐的粉果是十二只一盘，连盘上桌。粉果的皮子是番薯粉跟澄粉糅合的，香软松爽，不皱不裂。馅儿红的是虾仁火腿胡萝卜，绿的是香菜泥荷兰豆，黑色是冬菇，黄色是鸡蓉干贝。包粉果也有特殊手法，皮儿必须光润透明，颜色还得配得匀称，乍一看只只粉果，都是青绿山水，甭说吃，就是看也觉得醒眼痛快。

做粉果的是广东鼎鼎大名大梁陈三姑。就是广州最著名的马武仲家的特制粉果，也还输陈三姑一筹呢。所以大家都是排班入座，等着吃粉果，绝非谬采虚声，凑热闹起哄来的。

上海广东酒家，后来越开越多，大家只知道在装潢布置上争奇斗胜，所请的师傅，也没有什么高手，自然拿不出什么特别出色的菜肴来。

浓郁香酥腴润适口

现在搁下广东菜不说，先来谈谈上海本帮菜馆。

谈到上海本帮菜馆，真正够得上代表本帮风味的，恐怕要属小东门十六铺的德兴馆啦。因为馆子靠近鱼虾集散市场，所有下酒的时鲜，血蚶、鲜蛏、活虾、海瓜子，都比别家菜馆来得新鲜。

本帮菜的红烧秃肺、生炒圈子、酱爆樱桃、虾子乌参，原汁原味，浓郁鲜美，确实纯粹本帮风味。他家有一个菜是生煸草头垫底蒜蓉红焖猪大肠，不但毫无脏气，论火候那真是到口即融，丝毫不费牙口，再配上生煸草头，可称得起是色香味俱全啦。这一道上海菜，只有德兴馆最拿手，像老正兴、老合记、魁元馆，哪家都赶不上德兴馆的这道菜腴润适口呢。

广西路的老正兴也算是老资格的沪帮菜馆。他家的糟都是自己特制的，所以凡是用糟的菜，他家都比别家高明。白糟腌青鱼、春笋火腿川糟，都是丝毫不用味精，自然鲜美的拿手菜。沪帮饭馆的汤，不是腌笃鲜，就是肉丝黄汤，总嫌厚重油腻。会吃的朋友，在大鱼大肉之余，点他一个枸杞蛋花汤，或者来个红苋菜汤加糟，真是清淡爽口，肥腻全消。

菜市路老合记，也是上海滩的老字号，不是地地道道老上海，不会光顾到老合记去。贵池刘公鲁在上海是有名的捧角儿家，同时也是位吃客，他说老合记有两道拿手菜，虽然材料都极普通，可是除了老合记谁也做不出那么好的味道来。他家的金银双脑，是把熏过的猪脑，跟新鲜猪脑剔去血丝细筋，用干贝、白果以文火炖熟，干贝起鲜，白果去脏气，这是老合记的拿手菜之一。

老合记养了若干只菜鸽子，饲料上得足，所以鸽子特别肥，拿来做油淋乳鸽，特别肥嫩。从前贺衷寒先生最爱吃鸽子，他说到广州不去天香楼吃花鸽，到上海不到老合记吃油淋乳鸽，错过这样的口福，那就太可惜了。

上海大陆大厦，后改慈淑大楼，也有一家老正兴。除了宁绍帮应有的烧划水、炒鳝糊、扁尖腐衣、冰糖元蹄一类菜肴之外，他家有一道菜是清蒸草鱼。鲜鱼洗净，把头尾鳞鳍一齐切掉，用一块白菜叶放在饭锅上蒸，等饭蒸好，鱼也蒸熟。加上姜丝、葱花，用顶上生抽（好酱油）调味，鱼肉鲜嫩，隐约含有稻香。说起来简单，做起来也容易，可是咱们做出来，总也没人家那种香味。他家还有一种蕹菜（上海叫藤藤菜，又叫空心菜）做的冲鼻辣菜，再叫一个五花肉焖鳗鱼，配着辣菜来下饭，不是真正老吃客，绝不会这么样点菜。

靠近大中华饭店有一家叫大发的，本来是一座黄酒馆，后来他把苏州松鹤楼掌灶的请了来，因为顾及同行义气，不好意思也卖松鹤楼拿手的三虾热拌面（虾仁、虾子、虾脑所晒出的油叫三虾油）跟松鹤楼来比。可是到了清水虾盛产时期，他研究出卖虾脑汤面，一碗热气腾腾的虾脑面端上来，赤蕾赪尾，简直是一碗白玉盖珊瑚面，有人愣叫它珊瑚面。此外菜肉蒸馄饨，大闸蟹上市时候的蟹粉汤包，更是名闻遐迩。

有一个时期，笔者跟金融界朋友在大中华饭店长年开有房间，上海名琴票陈道安哲嗣青衣名票陈小田，因为大发湫隘嘈杂，所以一到河虾旺市，总是来到大中华我们的房间吃虾脑面。这时候倪红雁还没有跟郑小秋结婚，她想跟陈小田学京剧《落花园》，在大中华吃了三顿虾脑面，就把全出《落花园》学成了。您说虾脑面的效力有多大。

火候拿捏恰到好处

因为东伙不合，老正兴的几把好手另开了一家大陆饭店，他家买卖后来居上，生意反而比老正兴来得兴旺。一个大蒜清炒去皮鳝背，鲜嫩腴脆，韧而不濡，火候真是恰到好处。炸排骨本来是一道极普通的菜，可是他家炸排骨双吃，不管挂糖醋汁，还是撒椒盐，因为肉选得精，火用得当，炸得金黄，绝不见油，而且保证不塞牙。台湾台中县府所在地丰原，有一家本省馆子叫醉乡，炸出来的排骨，全台有名，差近似之。

牛庄路的天香楼，原来是徽馆底子，后来添上宁绍菜。上海宁波同乡会会长乌崖琴有一次特别请我去吃象牙菩鱼，连菜名都向所未闻，自然欣然前往，品尝一番。这种鱼头大身小，刺少肉嫩，腮努眼凸，是杭州七里塘特产清水鱼的隽品。鱼皮一剥就掉，配好葱、蒜、姜、酒，下锅生炒，鱼肉的颜色白中透黄，跟象牙一个颜色，所以叫象牙菩鱼。这种菜只有天香楼跟西湖的楼外楼会做，物以稀为贵，所以出名。

天香楼既然是徽馆底子，所以他家的鸭馄饨，仍旧用锡暖锅上菜，到了三九天，江浙一带虽少见雪，可是晚来冰霰初寒，也令人手足发僵。三五知己小酌之余，来一客全份鸭馄饨，饱暖舒畅，真不输于吃涮锅子打边炉呢。

民国二十年以后，住宅区越来越往沪西发展，大厦连云，别墅处处。饮食业脑筋动得最快，以清汤鸭面驰名苏常一带的昆山阿双面馆，首先在拉都路开了一家分店。他家的拿手菜，一股脑儿都搬到上海来，什么红汤熏鱼面、荠菜虾仁嫩豆腐、素炒杏边笋，笋是生在银杏树旁的竹笋，是昆山特产，由昆山运来上海的。

一到八月中秋桂花香，就开始卖清汤鸭面啦。据说阿双家煮鸭子有独门妙法，上海分店的老汤也是从昆山运来。至于怎样的煮鸭子独特手法，那是非常保密，不给外人知道。有人说他家有一种香料秘方，可以却除鸭臊，增加香味，下香料的时间数量，当然都是有讲究的。他家所用的鸭子也不在上海买，是在昆山四乡养鸭人家预约订购的。昆山地区溪流纵横，水软而柔，除开雏鸭时期，鸭子整天在清波绿水里，捉捕鱼虾一类活食。昆山又是江南米仓，平日又都是米糠、豆皮一类有营养的饲料，到了七八月一割稻，把鸭子放在还没翻地的水稻田里，饱餐田里余粒，鸭子焉能不精壮健硕。他家鸭面的特点是鸭肉酥而不糜、腴而能爽，有人称赞阿双馆的清汤鸭面，为中国美味之一，可算是知味之言。

无锡船菜驰名全国

苏锡菜比较精细，只是甜味稍重。无锡菜馆在上海要属山景园，无锡是以船菜驰名全国，在山景园要吃船菜他家也能承应，不过不能放乎中流，临风四顾，总觉情趣索然。其实他家的金钱鸡、桂花栗子羹，也都别具风味，尤其一只叫花子鸡，等鸡煨熟，堂倌拿来当场往地一摔，真是炙香四溢，肉质嫩美。想不到叫花子对吃还真有一套呢。

淮扬是鱼米之乡，又是淮盐集散地，当年极会享乐的皇帝老倌清高宗，又几度临幸扬州，所以扬州饮馔考究，是举国闻名的。扬州饭馆自然在上海也大行其道，老式饭馆有老半斋、新半斋，新式的有精美、瘦西湖、绿杨邨。扬镇都是最讲究吃看肉、干丝的，在上海自然吃不到什么玉带钩、粉鸳鸯、天灯棒的看肉，就是干丝也不过是拌、煮两种，也没有扬州富春花局、金魁园各式各样名堂的干丝，只能说大致不差罢了。

　　至于一般菜式也不过蟹粉鱼唇、荷叶粉蒸肉、虾子烧大乌参、萝卜丝汆鲫鱼等，味厚汁浓，令人大快朵颐。精美虽是新式食堂，可是他家的枣泥锅饼、翡翠烧卖两味甜品，一是鹅黄衬紫、酥脆香腴，一是碧玉溶浆、清馨芬郁，纯粹邗江风味。瘦西湖的展翠穿云（去骨的鸡翅膀穿一片云腿，据说是当年阮元在扬州教厨师做的）、糟煨双掌（鹅掌、鸭掌），都是叫座的招牌菜。绿杨邨一到冬至就添上野鸭煲饭了，沙煲原盅，一掀锅盖，一阵饭菜热香扑鼻，鲜厚酥润，无与伦比。听说野鸭香粳米，都是扬州运来，做野鸭饭的，也是一位盐官的厨娘，每年冬季应聘到上海绿杨邨专门做野鸭饭，一到年底封灶，又回扬州过年，明年冬天再见矣。

扬州劖肉上乘

扬州最有名的菜是狮子头，咱们叫狮子头，人家本地人叫劖肉。虽然扬州劖肉不上酒席，可是这菜的讲究可大了。

据说猪肉一定要选肋条，前后腿肉都不能用。肉要极有耐心切成小丁，略剁几刀即可，这就是大家所知道的，做狮子头要细切粗斩。外行人，把肉切好放在砧板上，拿两把刀像击鼓似的，运刀如雨，这就把肉的精华全剁跑了，剩下的都是肉的渣滓，所以有些美食专家，不吃千刀肉，就是这个道理。肉剁好，略用稀芡粉，撮成肉圆，最忌使用鸡蛋白或者荸荠末，撮肉圆只要成略圆，不会散开就行，千万不能用劲勒捏。然后用大青菜叶包起来，每一斤肉分成四只六只均可，过大过小都不相宜。最好用陶器焖钵，钵底先铺上镟净毛根的肉皮，再放干贝、冬菇、毛豆、冬笋或春笋、青菜、风鸡，再加姜、葱、糖、酒，白烧加盐，红烧加酱油。真正吃家以白烧为上，因为红烧的酱油，就是用扬州四美酱园的古法选制的秋抽（高级酱油），吃到后来，垫底的菜心，总带点酱酸味。劁肉进钵也有诀窍，要平放钵面，不能重叠，否则老嫩不匀。陶制钵口，都不太严，盖好钵盖，要用湿布围起，以免走气。煨劁肉最好用大炭基，火力持久均匀，经过六到八小时，连钵上桌，这样才是嫩香腴润、油而不腻的狮子头。至于后来有人做狮子头想出新花样，加上蟹粉，虽然增加了鲜的成分，可是蟹鲜夺味，原味不彰，实在不足为训的。

有一年笔者到扬州参加一项会议，回程把扬州著名说评书的王少堂约到上海大中华书场来说《水浒》。王少堂在扬州说《水浒》，是无人不知，无人不晓的，他能把《水浒》上的人物，特别造型，每一位好汉的穿着打扮，声音笑貌，说得绝不雷同，一张嘴就知是谁出场了。一季书说下来，倒也很剩了几文，他临走之前，一定要请我吃一次真正扬州劗肉。劗肉做好送到大中华饭店房间来吃，这是笔者所吃最地道的一顿劗肉，滑香鲜嫩，真是前所未尝。后来才知道这份狮子头是两淮盐运使衙门专做劗肉的一位厨娘的杰作，想不到最好的劗肉，不在扬州反而是在上海吃到的。

抗战之前，上海虽然说辐辏云集、五方杂处，但是究以江浙人士为多，大家都不习惯辛辣，所以川湘云贵各省的饭馆，在上海并不一定吃香。不像抗战胜利之后，各省人士在大后方住久，习惯麻辣，还有后方生的川娃儿，没有辣椒不吃饭，形成川湘云贵各省的饭馆到处风行，变成一枝独秀了。当时上海广西路的"蜀腴"以粉蒸小笼出名，粉蒸肥肠、粉蒸牛肉，酒饭两宜。叶楚伧先生当年在上海，良朋小酌，最喜欢上蜀腴，尤其欣赏他家的干煸四季豆，蜀腴经过叶楚老的誉扬，生意就越做越火爆了。

　　成都小吃是有刘伶之癖的好去处，因为他家下酒的小菜式样特别的多。林长民、林庚白两位虽然都是隶籍福建，可都是成都小吃的常客。林长民常说，吃西菜最好是北平京汉食堂，一上小吃就是二三十样，尽吃小吃，就够饱了。要吃中餐最好是上海成都小吃，要他十个八个小碟，最后来碗红油抄手，两三个朋友小酌，块把钱就可以酒足饭饱，昂然出门了。以上两家川菜，都是以小吃为主，能够承应酒席的，还有一家古益轩，他家布置高雅，设备堂皇，雅座里四壁琳琅，都是时贤字画，很有点北平春华楼的派头。其实论酒席，并不怎么高明，可是有几道拿手菜，确实引人入胜。清炖牛鞭用砂锅密封，小火细炖，葱姜盐酒，一概不放，纯粹白炖。牛鞭炖到接近溶化，然后揭封上桌，罗列各种调味料，由贵客自行调配。原汤原味，所以醇厚浓香，腴不腻人。到了冬季，去古益轩的客人不论大宴小酌，大都要叫一道清炖牛鞭吃。

云南名菜汽锅鸡

云南菜的口味，虽然跟四川口味很相似，可是不像川菜之辣之浓。云南多山，所以覃菌一类的东西特多。固然张家口外的口蘑，是提味中的极品，可是云南羊肚菌、鸡枞菌其鲜美也并不输于口蘑。加上云腿鲜腴又是名闻遐迩，所以云南菜跟各省来比，应当列入上选的。当年上海也有个金碧园，他是因碧鸡金马而起的名字，跟台北的金碧园是否一家，就不得而知了。

以大菜来说，汽锅鸡、豆豉鱼都是别具风味的，这种汽锅是陶土烧的，它的特点是锅口严密，绝不漏气，而且久烧不裂。鸡是完全用水蒸气蒸熟，汤清味正，当然郁香鲜美。台湾工矿公司、金门陶瓷厂都仿制过这种汽锅，但其笨重易裂，气不能严，因此没能行销开来。金碧园的头厨听说在聂云台家做过，是滇厨里一等高手，他家所用汽锅，都是地地道道云南土制，愣是从云南带到上海来的，他的汽锅鸡当然跟别家不同了。

还有一个下酒的菜，是干巴牛肉，选上好牛肉用秋抽、黄酒腌两天晒干，当然下作料、腌晒都是有窍门的，吃时切薄片油炸，爱吃酸甜的，加糖醋勾汁，也是云南酒饭两宜一道独有的小菜。

所谓过桥米线，现在台北的云南馆，都拿各式米线来号召，在上海金碧园虽然也有过桥米线，可是吃的人并不多。倒是破酥包子做法特别，包子外皮层多皮酥，大受一般吃客的欢迎。

至于现在云南馆的冷盆大薄片，虽然吃来爽脆不腻，可是当年的金碧园就没有大薄片卖，听说这个菜是李弥将军家乡下酒菜，因为在云南，大薄片属于庄户菜（乡下粗菜），不上酒席，所以从前的云南馆很少预备这样菜的。

麦特赫司脱路是上海的住宅区，有一家湖北式的家庭饭馆叫小圃。有一天跟做过武汉绥靖公署办公厅主任的陈光组聊天，笔者说上海各省馆子都有，可是想吃武昌谦记牛肉、汤糊豆丝就吃不到了。陈说："谦记牛肉虽然吃不到，可是有一家汤糊豆丝，还够标准。现在打个电话让他准备，明晚我找你去吃。"

这家饭馆没有门面，是一栋三楼三底石库门住宅，门口虽然挂着漆有"小圃"两个字的门灯，要不是熟人引领，谁也不会注意。女老板是光组兄的学生，碰到她高兴，也会亲自下厨做两样湖北家常菜。

我们那天吃的是珍珠丸子、粉蒸子鸡、鱼杂豆腐、汤糊豆丝。鱼杂豆腐本来是湖北的家常菜，可是鱼杂要选得精，而且得用暴火，汤糊豆丝的豆丝，更是湖北省的特产。

有人说山东龙口的粉丝，江苏扬州的干丝，湖北武昌的豆丝，这三丝都具有地方性的特点，别处人仿制也仿不来的。小圃的汤糊豆丝当然风味绝佳，可惜只吃了两次，老板全家到法国定居，上海就很难再找到吃好湖北菜的地方了。

上海二仙居

上海的山东馆（上海人叫北平馆）最差劲。堂口儿的伙计，十个人里也挑不出一两个真正说国语的，大半都是河北各县，或者别的省份人撇京腔说官话，一张嘴先让人打冷战。桌上老是铺块红色台布，说干不干，说湿不湿，外带着一股油腔子味。北平老乡懒得去照顾，外省人自然去得更少了。别省馆子日新月异，花样翻新，只有北方馆墨守成规，一丝不变，所以上海在饮食业全盛时期，也不过就是大雅楼、万寿山、颐和园三四家撑撑场面而已。

倒是石门路有个教门馆叫二仙居的非常叫座，不但平津坐庄的老客跟北方到上海来唱戏的梨园行朋友，都爱去二仙居喝两盅，就是江南江北的朋友，有时候想换换口味，去的人也不少。二仙居的掌柜，叫刘文濂，是从北平同和轩约去的，黄焖羊肉条、炸烹虾段、锅烧鸡，尤其是鸡丝拉皮，粉皮也是自己动手做的。您带句话儿，让他削薄剁窄，端上来真是晶晶明润，浑然似玉，真正是纯粹北平味儿。比起台湾的拉皮，真是一个天上，一个地下啦。

上海小吃

上海虽然南北中西林林总总饭馆林立，可是像台北圆环一类的小吃摊，也真有意想不到的美味。

长兴酒店旁边小弄堂原汁牛肉汤，每天

只卖五十三加仑汽油桶两桶，两桶卖完，明天请早。肉嫩汤鲜，绝不续水，真有一清早从沪西赶来买牛肉汤的。

南阳桥菜市路有个小绍兴，专卖鸡粥、牛肉粥、田鸡粥，他家的粥，跟广东粥类做法不同。广东粥是把鱼片腰肚肝肠等粥料，用姜葱作料配好，用粥一滚起锅，那是广东所谓的碌粥。小绍兴煮粥所用的米，一定是新米，绝对不用老米，不但浓稠适度、爽滑可口，而且稻香扑鼻，增加食欲。所有粥料都是等粥煮熟，再把鱼肉配好调味料，熬至入味，然后起锅，也就是广东所谓煲粥。每天早市，可以说摩肩擦踵，真是应接不暇呢。

爱文义路美琪大戏院转角，有一个专门卖大肉包的摊子，既非小笼，又非汤包。比天津狗不理的包子还大一号，面发得白而且松，绝不粘牙，纯粹肉馅，散而不滞，卤汁浓厚，适口充肠，从凌晨做到早上十点，大约两千只肉包卖完收市。吃客都是一排就是一条长龙，静等新出笼热包子。摊子旁边，既没桌子，也没凳子，除非买回去吃，否则只有立而待食。后来有些友邦人士也尝出滋味，加入人群等包子的也日见其多。

当年中南银行总经理胡笔江，就是摊子上常客，时常路过下车吃几个包子，再行办公。他认为淮城汤包美则美矣，惜乎稍嫌厚腻，倒是这个摊子上的包子浓淡相宜，而且吃过包子，绝不马上口渴，可以说明他的包子是自来鲜，不是靠味精来调味的。这个摊子一直到抗战胜利，生意都挺兴旺，当然手上也赚了几文。

牛尾汤汁浓味醇

八仙桥黄金大戏院附近，有个叫黄灯泡的小馆子，是凡上海的老吃客，没人不知道的。他家的牛尾汤，分带皮子、去皮子两种，每碗汤里都有好多块牛尾，汁浓味醇，牛尾酥而且烂，不像一般西餐馆的牛尾汤似有若无的吊人胃口。炸鸡腿、炸排骨金黄酥脆，配着意大利糊蒜面包吃，可说是其味夐绝。

西摩路南洋新村弄口，有一个广东阿施卖脆皮云吞的，他的云吞，不但皮子脆，馅儿也脆。吃到嘴里爽脆适口，别有风味，可是我始终研究不出，他是怎么做的。上海雕塑名家李金发，对于阿施的脆皮云吞特别欣赏，每到神思不属、腕不从心的时候，就是到阿施那里吃碗脆皮云吞，然后拿起刀凿，好像性灵大来，得心应手，攸往咸宜。江小鹣开李金发的玩笑，说阿施的云吞，是李金发的灵感之源，李对小鹣说法，也不否认。后来李的学生，都成了阿施的常客，全是找灵感去的，也算是艺坛一段佳话。

西餐馆的拿手好菜

上海既然是国际商埠，欧美非澳各洲各

国的士女，凡是到中国来的，上海就变成大的集散地区。于是各式各样的西餐馆，也就应运而生。从前"阴沟博士"李祖发、美术大师江小鹣，都是留法的美食专家。他们说华懋、汇中、百老汇，建筑可都富丽堂皇，刀叉器皿更是奇斋璀璨，迷离耀彩，凭窗瀹茗，欣赏一下过往的行人，或者眺望黄埔的朝阳夕晖、流云坠雾的景色，倒是绝妙场所，谈到菜肴，可实在没有什么足以称道的地方。至于都城、国际，环顾左右的绮袖丹裳、云髻娥眉，的确缤纷馥郁，绰约多姿。逢到盛大筵宴，以至白色圣诞大菜，也不过是排场阔绰而已。只有静安寺路的大华饭店（就是蒋公跟夫人结婚的地方）厨房的主厨，一位是从马赛重金礼聘，一位是罗马名庖，做出来的法国菜、意大利菜都是超水准的。可惜这家饭店开了不久，就忽然停歇，一部分改成美琪电影院啦。

上海有些场面不大、布置幽静的中小型

的西餐馆，也各有各的拿手菜。像格罗布路碧罗饭店的铁扒比目鱼、忌司煎小牛肉，可以说全上海西餐馆都做不出来。霞飞路DDS咖啡固然芬芳浓郁，非常著名，洋葱柠檬汁串烧羊肉，凡是北方梨园名角，应约到上海登台，跟常春恒、立恒有交情的，他们都请到DDS吃一顿串烧羊肉，让京津老乡尝尝外国烤肉滋味如何。北平唱武生的吴彦衡（老伶工吴彩霞的独子），在梨园行是有名的大饭量，他到上海，常氏弟兄请吃DDS的串烧羊肉，一口气吃了二十三串，您说惊人不惊人？也给DDS创下破天荒的纪录。

　　静安寺路爱俪园首右，有两家德国饭店，一家叫大来，一家叫来喜，都是以卖丹麦原桶啤酒、德国黑啤酒出名的。在上海喝黑啤酒，差不多全是到来喜、大来两家去。来喜掌柜的是个肥佬，大来的是个肥婆。客人一进门，他们最喜欢客人跟他赌骰子。骰子是羊皮做的，有山核桃大小，赌法很简单，两只骰子，各掷一把，比点大小。客人赢了，白喝一大杯黑啤酒；客人输了，喝酒给钱。所以这两家饭店经常是座上客常满，樽中酒不空。

这两家都以盐水猪脚出名，人家猪脚白硕莹澈，收拾得一点儿毛根都没有，用来配黑啤酒，确实别有风味。笔者最爱吃他们的红菜头、鸡肉粉、红色沙拉，上海名画家吴湖帆也有同好。他说他们的沙拉如红梅得雪，珊瑚凝霜，不愧是色香味三者俱全的下酒隽品也。

虹口有一家吉美饭店，后来因为营业鼎盛，在南京东路靠近外滩又开了家分店，店里完全采取西欧乡村小饭店布置，木质桌椅，一律白皮，不加油饰。客人一进门就有一种清朴脱俗、耳目一新的感觉。最奇怪的是他家的净素西餐做得特别拿手，可见当时旅沪外侨茹素的人数，一定也不少。

上海闻人，人称关老爷絅之，是虔诚的

佛教徒，上海功德林素菜馆，就是关老爷大力支持的，有时功德林吃腻了，想换口味，就到虹口吉美吃一顿素西餐。舍亲李栩厂兄弟三人，自幼持斋，跟关老爷都是上海素食专家。有一天我们一同到吉美午饭，他们吃素西餐，我也舍荤而素，一客黄豆蓉汤，一客芋泥做的炸板鱼，营养丰富不说，不油不腻而且特别鲜美。后来笔者也成了吉美座上素食常客啦。

亚尔培路有一个纯法国式叫红房子的西餐馆，他家的法国红酒原盅炆子鸡、羊肉卷饼、百合蒜泥焗鲜蛤蜊，都是只此一家的招牌菜。因为他家布置得绚丽柔美，而且幽静无哗，所以上海名媛在交际场合锋头最健的像周淑苹、陈皓明、殷明珠、傅文豪、唐瑛、盛三都是红房子的常客。陈皓明是驻德大使陈蔗青的掌珠，周淑苹是邮票大王周今觉的爱女。有一天两人在跑马厅赌马师陈文楚香槟大赛能否入围，结果陈皓明赌输，赌注是凡是当晚在红房子就餐的士女，由输家出资奉送红酒原盅炆鸡一份。笔者碰巧那天也在红房子吃晚饭，获赠炆鸡一份，吃完付钱才知是陈皓明所赠，雅人雅谑，到现在想起来，还觉得美人之贻，其味醰醰呢。

南京路虞洽卿路口有一家晋隆饮店，虽然也是宁波厨师，跟一品香、大西洋，同属于中国式的西菜。可是他家头脑灵活，对于菜肴能够花样翻新，一份金必多浓汤，是拿鱼翅鸡蓉做的。上海独多前清的遗老遗少，旧式富商巨贾吃这种西菜，当然比吃血淋淋的牛排对胃口。彼时上海花事尚在如火如荼，什么花国总统肖红，富春楼六娘小林黛玉正都红得发紫，一般豪客，吃西菜而又要叫堂差，那就都离不开晋隆饭店了。

到了大闸蟹上市，有一道时菜忌司炸蟹盖，把蟹蒸好，剔出膏肉，放在蟹盖里，撒上一层厚厚的忌司粉，放进烤箱烤熟了吃，不但省了自己动手剥剔，而蟹的鲜味完全保持。爱吃螃蟹的老饕，真可大快朵颐。最初西餐馆只有白色洋醋，吃蟹而蘸白醋，实在大煞风景，于是晋隆茶房领班，遇到会吃阔客，就奉一特制私房高醋，说穿了不过是镇江香醋，临时挤点姜汁兑上而已。您想人家如此奉承顾客，您小账能少给吗？听说晋隆的炸蟹盖，是当年袁二公子寒云亲自指点，研究出来的。由此可见吃过见过的人，想出来花样，毕竟不凡。

此外西摩路口飞达西点店的奶油栗子蛋糕松散不滞，香甜适口，跟北平撷英的奶油栗子粉，都是能够令人回味的西点。赫德路电车站转角，有一家爱的尔面包房，每天下午茶时间出炉的鸡派更是一批出炉一抢而光的茶余名点。

至于迈尔西爱路柏斯馨的白兰地三层奶油蛋糕，海格路意大利总会的核桃椰子泥雪糕，永安公司七重天的七彩圣代，跑马厅美心冰室奶泡冰激凌都是驰誉全沪、脍炙人口的糕点冷饮。

抗战胜利还都后，笔者在上海曾经停留将近两个月，正当大闸蟹上市，除了在老晋隆吃过一次炸蟹盖外，其余餐馆饭店有的停歇改业，有的换了招牌。几家宁绍帮的饭店，虽然仍旧勉强维持，但是叫几个小菜，端上来也都似是而非。沪西几家西餐馆，连房舍都找不着啦！以上所写，都是四十年前沪江往事，全凭记忆，误漏在所难免，希望邦人君子，多加指正。

附　启

夏元瑜

唐鲁孙先生以前在《时报》登过一长稿叫作《吃在北平》，把北平的大饭庄以及小馆子差不离一网打尽。曾有几位读者去函要跟他学手艺，也有一家台北的大餐厅要请他当顾问。今天他又露了一手儿，把上海的中西餐馆、西点，以及街头的名摊贩做了一个综合报告。以北平人来说上海似乎出了范围，好在上海十里洋场，各地的人全有。北平人如有漏述——势所难免，更盼上海人来补充。我在唐公这篇洋洋洒洒的大文之后，添上几句，不叫"以附骥尾"，而是"狗尾续貂"。

魔鬼蟹、八宝神仙蛋

舍亲沈君在美国普度大学任教，他系里有一位丹麦籍教授对中国文学极感兴趣，对于中国吃更有研究，他说："加州 Samoa 港口出产的螃蟹，比阳澄湖的紫螯大闸蟹的鲜嫩甜肥未遑多让，所以当地的 Cookhouse 在螃蟹上市时，有一道时鲜菜叫'魔鬼蟹'。做法是先把螃蟹洗净蒸熟，然后仔细剥下蟹盖，把剔出来的蟹膏、蟹肉，连腿肉、螯肉，拌入火腿屑、蘑菇片，加上适当调味料，放在搪瓷盆里，上面撒下一层厚厚的忌司粉，放入烤箱里烤十分钟即可拿来供食用，饭馆里管这道菜叫魔鬼蟹。"

早年笔者在上海时，每逢阳澄湖大闸蟹上市，一班好啖的朋友总是相约到言茂源、高长兴喝老酒吃大闸蟹解馋。我总觉得吃大闸蟹最好是喝双沟泡子酒、绵竹大曲、贵州茅台，或者喝海淀莲花白、同仁堂的五加皮，以及上海的绿豆烧才够味。南酒中不管是竹叶青、女儿红、花雕、太雕，似乎都不对劲。当年小辫子刘公鲁、袁寒云、李瑞九跟我都有同感，《新世界日报》的孙雪泥、《社会日报》的陈灵犀笑我们是"公子哥儿派"，李瑞九听了很不服气。有一天在他家请报界朋友吃大闸蟹。他是把螃蟹蒸熟剔出膏肉，鸡蛋从顶上开一小孔，去黄留白搅打成浆，加入火腿屑、笋丁、鲜蘑丁，连同蟹肉拌匀，再塞入蛋壳内蒸熟供馔。寒云说他家管这种吃法叫"八宝神仙蛋"。大家对于吃螃蟹宜用南酒、北酒，莫衷一是，于是，南北酒俱备，黄白杂陈，结果北酒吃得精光，南酒开坛只烫了两壶，还是李瑞九之兄伯琦病痔，医嘱禁饮（伯琦在他们合肥李家是著名的酒鬼，整瓶子往喉咙倒，还能拉桌子玩上八圈），否则的话连泥头都不用打啦。这一餐酒吃过之后，有些主张以南酒吃螃蟹的人才改变了论调。

南方的驴打滚

农历正月十五是献岁开春第一个月圆之夜，所以称为元宵节，北平土著又叫它过大年。北平人素来讲究"食必以时"，从腊月二十五日起，到二月初二龙抬头止，所有饽饽铺、干果子铺、茶汤铺都卖元宵。过了龙抬头您想吃元宵，除非自己家里做，否则只有明年见啦。

北方元宵只有甜的而没有咸的，馅子有桂花、山楂、芝麻、玫瑰、枣泥、豆沙几种。馅子做好晒干，切成方糖大小，蘸了水，倒进干糯米粉里，用大簸箩摇成的。说实在，讲滋味北方摇的元宵，比起南方包的元宵，皮子的松润软糯固然不如，至于元宵馅儿的甜咸皆备，那就更瞠乎其后了。

抗战之前，红豆馆主溥侗，人称侗五爷，自南京莅沪，正赶上春节，他要吃元宵。上海名票陈道安、名医臧伯庸都在座，一致主张去乔家栅吃汤圆。侗五说："在南京自然是唯几位南方朋友的马首是瞻，一会儿六华春的原汤砂锅好，一会儿奇芳阁的小笼包饺妙，尝过之后只觉油重而腻，在北平鲁孙以会吃出名，今天我们就让他来提调吧！"

目的既然是吃元宵，恐怕没有哪一家盖得过乔家栅的了。于是我们一行四人直奔乔家栅。一入座，老板因为臧伯庸治好过他家老太爷的腿疾，立刻泡了一壶好沱茶，送上一盘子擂沙圆子。侗五连吃三枚，认为这是南方细品驴打滚（驴打滚是北平庙会卖的一种甜食）。他起初只肯吃洗沙元宵，后来看我们荠菜茈肉馅元宵吃得津津有味，他舀一个来尝，才觉出菜茈粟饭，也别具缥玉甘纯。

如果不是跟我们初试南馔珍味，可能毕生失之交臂。

　　本省同胞对于制作糯米甜食，素占胜场，台南市有几家食品店，做得都不错。台北市的九如蔡万兴，平素以湖州粽子来号召，春节前后，也包点儿元宵来应市，有几位江浙朋友吃过之后，认为足可稍慰乡思。现在虽然已过残灯末庙，可是照北平的习俗来说，没有二月二龙抬头，仍旧可以买得到元宵吃。前几天有两位同学跟我谈起撺沙圆子，因而想起红豆馆主管它叫南方驴打滚故事，回首前尘，已经是半世纪前的故事了。

杨花滚滚吃新蚶

当年在上海高长兴喝老酒，最喜欢叫一客炝蚶子来下酒，他家炝蚶子，不但洗刷得干净，而且姜蓉擦得细，胡椒辣且匀，酱油更是上品秋抽，可以说味尽东南之美。

来到台湾每逢跟江浙朋友在市楼酤饮几杯，提到下酒的炝蚶子，辄生莼羹鲈脍之思。因为大家都听说台湾的蚶子，有些是半人工养殖的，弄不巧碰到血吸虫，对于健康有莫大影响，所以大家谁也不敢轻易尝试。

蚶，是一种生长于近岸浅海的贝介动物，它的外表最大特色是满布放射状的整齐沟纹，所以又叫"瓦楞子"（壳可以入药）。从杭州湾到大陈岛一带都出产蚶子，据说以宁波蚶子最为鲜嫩肥美。上海绍宁馆所卖的蚶子，都说是宁波来的，老饕们一看，就知道是否宁波蚶子了，据说凡是宁波出产的蚶子，贝壳上的瓦楞，不多不少恰恰十八条，如果冒牌货，瓦楞条数，或多或少就不一定了。

蚶子大致可分为三种，即魁蚶、毛蚶和泥蚶。其中以魁蚶的体积最大，最大的有四寸，简直比大青蛤还大，据说是浙东的特产，也是由半人工培育出来的。后来福建莆田人孙士毅学到了一套养殖方法，在莆田东海开辟了一块蚶田，广袤达百余顷，他家魁蚶后来行销到南洋一带，颇受欢迎，他也从此致富。现在到大排档吃魁蚶还是观光客到新加坡必定一试的项目呢！

毛蚶大小适中，外壳黑褐色，瓦楞不甚显明，附有茸毛，很难除去，虽不美观，但极鲜嫩。朝鲜平壤附近的镇南浦海口出产一种长毛蚶，据中医孔伯华说："这种长毛蚶是蚶中珍品，妇人血亏、血崩拿这种长毛蚶炖当归，服后止崩益血，功效神速。"可惜这种长毛蚶极为稀有，凡有这种病患，大多缓不济急。当年只有诗人陈曾寿夫人突然得了血崩症，碰巧韩国朋友送了一篓镇南浦的长毛蚶，还没拿来下酒，孔伯华给她一股脑儿处方入药，半月之后，健复如常。这个病例列入孔伯华的《不龟手庐随录》，谅来是不会假的。后来北平天一堂在玉渊潭买了一片池塘来养长毛蚶，凡是得了崩症的，大夫介绍到天一堂抓药，就是他家养有长毛蚶的缘故。

泥蚶体积最小，壳长仅有四五厘米，因为它喜欢钻在海底泥沙中摄取泥里微生物及腐朽植物为营养，所以壳内含沙较多，必须先用清水养上两天，等它吐净泥沙方可烹食。当年上海闻人王晓籁最喜欢吃泥蚶，他说呷粥吃饭均宜。他儿女众多，常常跟人开玩笑说，这就是他多吃泥蚶的成绩。虽然是句笑谈，蚶的营养成分的确是很高的呢！

蚶类华南沿海都有出产，而广东潮州赤湾一带出产一种银蚶，外表色白，肉更肥嫩，在香港大点儿的酒楼就可以吃到银蚶了。泰国锡勒差出产一种血蚶，体积介乎魁蚶毛蚶之间，肉满膏肥，血髓充盈，当地有一家餐馆的名菜就是炝活蚶。凡是去帕特雅①海滨度假，经过锡勒差这家小馆的，知味停车，都要叫一客炝活蚶喝两杯泰国白兰地，再继续前进。他家的血蚶有渔户逐日供应，都是吐过沙的，做法极为简单，把蚶洗净，以竹箕盛好，架在盆上，用开水一淋，蚶壳微张，加上鱼家姜蓉、胡椒粉，再挤几滴柠檬汁，血仍殷红，立刻剥而食之，的确鲜美异常。这跟江浙人爱吃的醉蚶，用老酒腌透，略加豆豉的吃法，可谓风味各殊，别创一格。

广东潮汕一带盛产蚶蚝，所以潮州饭馆

---

① 即Pattaya，今译作芭提雅，《香留舌本的血蚶》中提到的"蒲特雅"亦指此地。

对于蚶蚝烹调方法，也就花样百出。他们用砂煲把粉丝加蟹肉宽汤煨好，然后铺上血蚶，一热起锅，不但粉丝香腴噘人，血蚶白衣赤实，更是琼瑶味美，嗜海鲜而吃过潮州活蚶的人，提起这道菜来，大概都有莼羹鲈脍之思吧！

泰国曼谷基督教医院，有一食品营养化验小组，据他们说："蚶肉含有百分之十六蛋白质，少量脂肪、糖及维他命 A、维他命 B，性味甘咸而温，有补血、温中、健胃、除烦醒酒、破结、化痰等功效。"这与中医说法不谋而合。唯湿热重的人，不宜多吃。台湾蚵蚝甚多，而蚶较少且不够肥，故友许竺君家住海宁从小吃惯了醉蚶，台湾蚶子他不敢吃，每个月要去一趟香港，半为业务半为大啖银蚶解馋，所以朋友们送给他一个"蚶子大王"雅号，他受之不辞。

现在杨花滚滚，在大陆又是吃肥蚶时候了。回想当年在上海几家酒店赌老酒吃醉蚶情景，历历如在目前，可是屈指算来，已经是半世纪以前的事了。

胡玉美的辣豆瓣酱

　　民国初年大江南北的饭馆子，除了淮扬馆，要算徽州饭馆最流行了。徽州馆子不但大盘大碗，真材实料，而且厅堂布置排场，也相当富丽堂皇。胡适之先生在世时，常说他家乡绩溪，水势湍急，鱼争上游，所以鱼类的鳍尾都非常壮硕。别的饭馆只卖红烧划水，他们绩溪的饭馆有清炖划水，那是别处吃不到的。所以我们一见面，他总是劝我到安徽去逛逛。

　　有一年我们盐栈有一批大子盐要运到西梁山去，而一些押运人员全都派遣在外，所以我就亲自出马，押着盐船，溯江而上。船到安庆、芜湖，都有少数盐斤交割，船伙告诉我：安庆胡玉美酿造的豆瓣酱号称天下第一，您不妨买几罐带回去送人，爱吃辣的人，无不视为珍味呢！于是我就买了四打准备送人。当天晚上他们的少东胡其桐特地登船造访。他在美国是念食品加工的，回国之后辣豆瓣酱经他研究改良，不但在西湖博览会得了大奖，每年销售到欧美各国的数量也很可观呢！

据这位少东说，这座店是同治年间，平定"洪杨之乱"后，他曾祖父开设的，目前酱园子里已有上千只酱缸轮流晒酱了。他们做辣豆瓣酱，一律选没疤没瘢的蚕豆，首先将蚕豆晒得透干，然后去皮磨碎，裹以面粉蒸熟，让它自然发酵，最后加入辣椒酿制而成。他们在包装纸上印有当地迎江寺的浮屠，并绘有两粒蚕豆，这就说明他们是用蚕豆酿造，跟黄豆酿造味道鲜度有明显不同。

还有他家虾子豆腐乳也是啜粥隽品。台

湾虽然河虾、海虾的种类很多，可是晒出来的虾子鲜度不足。胡玉美的虾子腐乳，长不逾寸，撒满柔红虾子，外面裹以苇叶，在色泽方面已属上乘，吃到嘴里更为珍洁鲜美。胡玉美在每年奉天蒜苗上市的时候，并有酱蒜苗应市，拿来蒸蛋，宜酒宜饭，在台湾恐怕是吃不到的。

武汉三镇的吃食

　　武汉三镇，从历史上看，在三国时代，龙争虎斗，已是兵家必争之地。从地形上来说，地处九省通衢，长江天堑，水运总汇。开埠既早，商贾云集，西南各省物资，又在武汉集散，所以各省的盛食珍味，靡不悉备，可以比美上海。因而武汉跟北平一样，谈甜咸小吃多到不胜枚举，可是要找一家真正湖北口味的饭馆，就是湖北老乡，还不一定能指出哪家是真正湖北馆子。当年上海有一家"黄鹤楼"，现在台北有一家"京殿"，据笔者所知，正式挑明是鄂省口味的，也不过仅此三两家而已。

汉口青年会对门有一家三层楼的饭馆,叫"大吉春",楼宽窗明,大宴小酌,各不相扰。整桌酒席是江浙口味,小酌便餐则潮汕淮扬兼备。潮州厨师做鱼翅是久负盛名的。大吉春的大虾焗包翅,一般吃客都公认是他家招牌菜,鱼翅发到适当程度,用火腿鸡汤煨好,然后再用明虾来焗,翅腴味厚,虾更鲜美。当时青年会总干事宋如海非常好客,遇有嘉宾莅临汉皋,总是信步到对门大吉春小酌,虽然是小吃,他经常喜欢点一只大虾焗包翅。那时物价便宜,所费不多,小吃而用包翅算是够体面的了。梅县谢飞龄兄当年任大智门统税查验所所长,他说:"想不到在汉口能吃到真正的家乡(潮汕)菜,真是件不可思议的事。"

"蜀腴",顾名思义当然是四川口味的菜馆,老板刘河官是四川成都觥园少东家,出川到汉口来闯天下,想不到一炮而红。民国二十年左右,在汉口请客吃川菜,非蜀腴莫属。后来河官年事渐高，就不大亲自上灶掌勺啦，可是遇有知味之士，他还是抖擞精神，不吝一显身手。

他最拿手的菜是水铺牛肉，据说是跟家里一位老佣人学的。他先把两分肥八分瘦的嫩牛肉，剔筋去膜，快刀削成薄片，芡粉用绍酒稀释，加盐、糖拌匀，放在滚水里一涮，撒上白胡椒粉就吃。白水变成鲜而不濡的清汤，肉片更是软滑柔嫩，比北方的涮锅子又别具一番风味。这道菜，肉要选得精，片要切得薄，作料要调得恰当，水的热度更有关肉的老嫩，看起来虽然简单，可是做得恰到好处还真不容易。笔者在蜀腴吃过一次后试做了几回，不是肉老，就是汤里沫子多，始终没摸到这道菜的窍门。后来来到台湾，才知道张大千先生府上也善制水铺牛肉，并且将其列为大风堂名菜之一。

蜀腴的青豆泥也是别处吃不到的一道甜菜。这道菜先把青豆研得极细成泥，脂油、白糖熬成糖浆，然后把豆泥混入，速炒带搅，渐渐把泛在上面的浮油滤净起锅，用大瓷盘子盛起上桌，翡翠溶浆，细润柔香。这个菜看起来不烫，可是不明究竟的人，吮呛一口不单嘴里起泡，甚至咽下去还觉得胃肠火辣辣的呢，所以这道菜只能用盘而不用盅碗，就是利于早点散热，不会让客人把舌头烫了还有苦说不出呢！记得闽台菜都擅长做八宝芋泥，有一家菜馆用中海碗盛芋泥上桌，愣是把一位女宾烫得直叫唤，宾主同感尴尬，堂倌更是不知所措，岂不是大煞风景。

汉口满春有一家福建酒馆叫"四春园"。他们自夸灶上掌勺的头厨是从福州广裕楼重金礼聘来的，广裕楼在福州，可算首屈一指的饭馆，从前有句俗语："到福州没吃过广裕楼的菜，算白来一趟。"可见广裕楼在福州牌匾有多硬了。不管四春园的大师傅是否真是广裕楼出身，可是做了几道福州菜，确实花样翻新，特别清爽。当年笔者最爱吃他家的白片鸡，这道菜他们真能不惜工本，成年留有一锅老母鸡的炼汤，然后把两斤重未下过蛋的雏鸡收拾干净，放在大锅炼汤里盖严煮熟，连锅放凉备用，等上菜的时候才开锅拆鸡切片，装盘飨客。原汤原汁，自然是腴润味纯，比一般饭馆的白片鸡，放在白水里煮熟，立刻登盘荐餐的味道，自然是有天壤之别了。

另外有道蒜瓣炒珠蚶，珠蚶选得大小一致，猛火快炒，鲜腴鱼嫩，拿来下酒，隽美之极。当年武汉绥靖公署办公厅主任陈光组，最爱吃珠蚶里的蒜瓣，我们有时同去，蒜瓣炒珠蚶必定要加双份蒜瓣，他专吃蒜瓣，我专吃珠蚶。何雪公（成浚）常笑我们说："古人有同床异梦，你们两人可算同餐异味了。"何、陈两位现在都做了古人，想起这句笑谈，令人有不胜今昔之感。

民国二十年左右，武汉几乎没有广东饭馆，后来汉口开了一家冠生园，跟着武昌也开了一家冠生园分店。广东菜时鲜以生猛是尚，一般菜肴一向讲求清淡味永，绝少辛辣，可是武汉地接湘赣，嗜辣程度不逊川贵，冠生园特地为嗜辣客人研究出一味辣椒酱，既宜啜粥更适健饭。原本冠生园早晚两市，辣椒酱本是配碟不计价的，后来反而变成每桌必要的招牌菜，甚至有人还要买点带回家去品尝呢！

　　我因为不时光顾冠生园，跟这家主持人阿梁渐渐成了朋友。有一天阿梁特地请我去消夜，吃正宗鱼生粥。他说吃鱼生一定要新鲜鲩鱼，把鲩鱼剔刺切成薄片，用干毛巾反复把鱼肉上的水分吸取干净，加生抽、胡椒粉，放在大海碗里，然后下生姜丝、酱姜丝、酸姜丝、糖浸藠头丝、茶瓜丝、鲜莲藕丝、白薯丝、炸香芝麻、炸粉丝、油炸鬼薄脆，才算配料齐全。然后用滚开白米粥倒入搅匀，盛在小碗来吃。粥烫、鱼鲜、作料香，这一盅地道鱼生粥，比此前所吃鱼生粥，味道完全不同。来到台湾后，所有吃过的鱼生粥，没有一家能赶上阿梁亲手调制的鱼生粥的味道，醇醇之思，至今时萦脑海。

醉乡是一家云南口味的饭馆，虽然只有一间门脸儿，不十分起眼儿，可是楼座宽敞豁亮，开二十桌酒席都不成问题。现在台湾的云南馆子，最早有金碧园，后来又开了人和园、昆华园、纯园，巧在所有台湾的云南馆子一律用"园"字做招牌，是巧合呢，还是云南朋友对"园"字特别偏爱。

现在一进云南饭馆，大家都要点个大薄片，在台湾大薄片似乎成了滇菜的招牌菜了，好像吃云南馆子不点个大薄片，人家会以为你是"怯勺"似的（北平语"傻瓜"的意思）。不过当年的醉乡虽然是云南馆子，可没有大薄片，因为早先大薄片是云南乡间粗菜（所谓庄户菜），后来由李弥将军誉扬提倡，才大行其道的。

醉乡的过桥米线特别够味儿，米线其实

就是米粉，不过他家米线是出自厨房大师傅手艺，不是杂货店出售的一般米粉。好米线柔滑绵润，不韧不糟，吃到嘴里非常爽口。吃米线的肉片、鸡片、腰片、鱼片都要刀功好，切得飞薄，韭菜、笋丝、青菜也要摘得嫩、切得细。汤一起锅一定要用碗盛，而且碗要高边深底，才不容易散热，保温度高，肉片、蔬菜在滚汤里一烫就熟，才能鲜嫩适口。醉乡所用烫米线的碗，都是仿云南盛米线的汤碗，在江西景德镇定烧的，碗牙儿耸直而高，碗底深，碗足厚，盛上滚沸原汤，因为聚热的关系，肉片、菜蔬一烫即熟，端起碗来吃，且不烫手。当年沪上名伶小杨月楼，应邀到汉口来演唱，对于醉乡的过桥米线非常欣赏，期满回沪，广为介绍，所以上海男女名角，到汉口来演唱，都要尝尝醉乡过桥米线，吃过之后无不交口称誉。

　　炸脑花也是云南馆子一道特有的菜。醉乡的炸脑花，先把猪脑上的血丝筋络剔得干干净净，用黄酒泡上几小时，然后漉尽酒汁，鸡蛋打松加调味料，猪脑蘸蛋液入熟油炸黄起锅，入口之后，隐含糟香，用来下酒，比诸炸龙虾片，别有不同的风味。

醉乡的宣威饼也是他家拿手的点心，饼里所用火腿，都是云腿，选材货真价高，可是面对每天专门前去订做宣威饼的人，还是供不应求呢。

沁园是一家宁波人开的饭馆。笔者旅居武汉的时候，有一个十人餐会，每月聚餐一次，十人轮流主持，餐费均摊，最主要的是每月要换口味，避免雷同，要吃不同省份的饭馆。恰巧有一次笔者轮值提调，有位会友倡议要吃牛鞭，当时在汉口，沁园的红烧牛鞭是颇著盛名的，于是订座订菜特别点一客红烧牛鞭。这道菜笔者从未尝过，既然众谋咸同，只好开一次洋荤。据沁园老板说，这道菜一共炖了十多小时，有入口欲化的感觉才算到家。一大盘牛鞭，筋柔皮烂，其凝如脂，膏润甘肥，可称冬补隽品，后来在宁、沪都曾吃过这道菜，好像都赶不上沁园做的腴美。

　　汉口宁波里对面，有一家面馆叫乐露春，三间门面，都是竹障席篷，汉口暑天酷热，加上傍晚江水蒸发，更是令人郁闷难耐。乐露春栏槛通风，藤椅当阶，比一般屋顶花园都凉爽宜人，所以夏季的乐露春傍晚到午夜总是宾客常满的。他家各式面点均备，但以卤鸭面最出名，据说他家老卤已近百年，所以卤出来的鸭子汁浓味厚。喝酒的朋友，只要说拿个酒来，四两白干，卤鸭碟装老卤加二，酒喝够了，他才来面。鸭卤浇在面上一吃，不但津津有味，而且所费不多，是凡在武汉住过的老饕，大概没有不曾光顾过乐露春品尝卤鸭面的。

　　靠近新市场有一家专卖面食小炒的保定馆，他家有两样最拿手的面食，一是满天星的疙瘩汤，一是花素锅贴。北平一条龙、都一处，都是以疙瘩汤出名的。这家保定馆搓出来的疙瘩细如米粒而且柔软。南方讲究汤水，汤清味正，似乎比北平一"龙"一"处"，疙瘩细小，汤更高明。至于花素锅贴，馅儿精细不说，皮的厚薄、锅贴大小、铛上的火候都能恰到好处。离开汉口后无论在什么地方，一吃锅贴，总觉汉口保定馆的花素锅贴应当列为极品锅贴。

汉口近郊硚口的武鸣园，那是专门吃河豚的地方，虽然坐地湫仄，可是一到河豚上市，百年老汤，汤滚鱼肥，连当年财政部部长宋子文，这个最考究饮食卫生的人，也要光顾尝鲜，并且不时称道赞美。可惜抗战期间，敌机轰炸武汉时，武鸣园不幸中弹，一代名园顷刻化为灰烬，武鸣园河豚只能令人回味了。

听李木斋世丈讲："前清湖北是督、抚不同城的，巡抚坐镇武昌，总督驻节汉口。汉口水路交通辐辏南北，通商开埠华洋荟萃，形形色色的茶楼酒肆，自然是争胜眩奇、鳞次栉比。而武昌是省会所在，官场酬应迎送频繁，也很有几家院宽室明，足够大宴小酌，类似北平饭庄子一类排场的酒楼饭馆。可是辛亥革命以后，饭食业全都集中汉口，武昌的大饭馆生意萧条日趋没落了。"

到了民国二十年，武汉大水之后，武昌比较像样的饭馆恐怕要算蜀珍了。蜀珍雅座四壁丹漆彩绘，挂有不少川籍名流的书画，他家小吃相当精巧，酒席也够气派。

笔者好友汤佩煌兄最爱吃这家的肝膏汤，据蜀珍大师傅说，做一份肝膏汤要准备鸡蛋三个，中号土鸡一只，上等猪肝十二两，葱、姜、盐、酒、白胡椒粉、细菱粉各少许备用就够了。先把猪肝刮成细泥，鸡蛋打碎起泡，土鸡煨成汤去油打清。先盛出一三红碗晾凉，锅里留下一三红碗鸡汤小火保温。葱、姜切成细末，与肝泥搅和，加细盐及酒，连同打碎的鸡蛋一齐放入已经晾凉的鸡汤里搅匀，

905

然后把搅匀的肝泥用纱布漏去渣滓，放在笼屉里蒸十五分钟至二十分钟。此时肝泥已经凝而未固，用竹签试戳，竹签上不留血迹即可。肝膏蒸好，适量盛入用开水烫过的瓷水盘或水碗里，立刻把火上滚开的清鸡汤，慢慢浇在肝膏上。此时肝膏越细越嫩，越容易被热鸡汤冲裂破碎，那就要看个人的手法了。一碗精致肝膏汤，汤清膏细，不但吃到嘴里滑香鲜嫩，而且看起来宛如一块猪肝石放在清澄见底的笔洗里一样明澈。

笔者只有在几位讲究饮馔的川籍亲友家吃过这样的肝膏汤，在饭馆里所吃，蜀珍算是头一份儿了。至于他家的干煸牛肉丝，外焦里嫩，酥而不柴，最妙的是干松不油，一碟吃完碟底绝不汪油，这跟北海仿膳的炒肉末可称南北双绝，有异曲同工之妙啦。

民国二十二年夏季，武汉多时不下雨，入晚汉口就像大蒸笼一样，溽热无风，不到天蒙蒙亮不能入睡。武汉闻人方耀庭（本仁）

先生说，武昌黄鹤楼前，他有一所别墅，冬施棉衣，夏舍暑药，有两位老人家经管，叫积善堂，非常凉爽。方先生约我过江小驻消夏逭暑。堂在半山，背山面江，房宽廊阔，四面通风。两老一位是从前武昌府的都司姓萧，一位是江夏县的班头姓陶，两位久历沧桑，人都非常清蔚开爽，没事的时候闲话当年，彼此颇为投缘。

有一天，他们买了一种酥饼请我消夜。据说这种饼是姑嫂两人研究出来的，既无店铺又没有名号，她们只是批发给小贩串胡同叫卖，大家叫它"姑嫂饼"，后来被附近文华中学的学生发现，大家都非常欣赏。酥饼白色酥皮，只有烧饼一半大小，却要卖烧饼同样价钱，入口酥松微有甘香，可惜就是太不经吃，三口两口就一只下肚。文华中学在武昌算是教会学校里的贵族学校，学生休假回家，时常大批购送家人亲友，于是其名大噪，姑嫂饼被叫成"文华饼"，原来的名字姑嫂饼反而其名不彰了。文华饼的好处是松脆香腴，酥而不糜，跟山东曲阜的状元饼极为相似，体积方面状元饼稍大、文华饼更为小巧而已。

笔者在读书时期就听舍亲蔡子壁时常慨叹说，北平样样都好，就是吃不到像武昌谦记那样滋味浓郁的好牛肉汤，当时很想将来有机会到武昌，尝尝谦记牛肉到底如何好法，值得鄂省同乡这样念念不忘。等后来自己到武汉工作，因为公务匆忙，反而把这件事忘了。有一天清早，都司老萧问吃过谦记牛肉没有，才跟他去饱餐了一顿。

谦记牛肉开在武昌的青龙巷，蓬牖茅椽，门口没有牌号，毫不起眼儿，若不是有识途老马，谁知那就是大名鼎鼎的谦记呢？他家是父母子女家庭化的小吃店，老板管钱，老板娘掌灶，小老板担任堂倌，姑娘管理杂物，一家四口，熙熙融融。屋子虽然破旧，可是桌椅板凳天天用碱水刷得一干二净，匙箸盘盅更是没有丝毫油星儿。每天一早还没开堂

（北平叫挑幌子），就有人排队等待啦。因为店里不宽敞，只能放下两大一小三张方桌，前往吃客都要拼桌并坐，充其量也只能坐十多位客人。老友刘孟白家住汉阳，是谦记老主顾，他不叫谦记而叫它"两张半"，就是因为它家只有两张半方桌而起的诨名。

谦记卖的牛肉绝对是黄牛肉，民国二十年武汉大水，有几天买不到黄牛肉，他家宁可上板儿暂停营业，也不会掺点水牛或杂种牛肉冒充黄牛出售。最初每天以三十斤牛肉卖完为限，因为生意越做越兴旺，每天向隅的人实在太多了，才增加为五十斤。他们说每天卖的牛肉，够一家四口的嚼裹儿（生活的意思）就得啦，为酬谢各位吃客的捧场，才勉为其难加到五十斤，再多忙乎不过来反而耽误主顾了。谦记的牛肉好在不用大火，炖的时间又长，所以肉炖得特别烂，比起上海弄堂牛肉汤尤有过之。谦记牛肉还有一项独特作风，就是盛牛肉一律用瓷盅而不用碗，据说是盅比碗保温，吃牛肉的汤一定要滚热，稍凉就有膻气，就影响鲜味了。谦记牛肉肌理滑香，吃时不觉有渣，汤清味正，不放味精，所以吃完不觉口渴思饮。

谦记因为供量有限，只卖早市，当年乾旦徐碧云在老圃组班演唱时，最爱吃谦记牛肉，可是他有阿芙蓉癖，起不了早，只有辛苦跟包过江买回住所去吃了。有时候我们看见徐的跟包崔二拿着罐子在谦记排队，那是他们老板想喝谦记的牛肉汤了。

武昌都司巷转角有一家饺子馆，专卖水饺蒸饺，现在台湾各地到处都有饺子馆，可是当年在武汉专门卖饺子的饺子馆还不多见呢！这间饺子馆门面只有一间，店名"盛发"，可是大家都叫它胡驼子，跟人打听盛发饺子馆，不是左近的店铺，还没人晓得呢！店主胡驼子的父亲在张之洞两湖总督任内当过哨官。胡驼子生下来就是罗锅，既失官仪，假如吃公事饭也难得让上人见喜。因为他不时跑内宅，张是南皮人，每餐少不了面食，他偷偷学会了蒸烫面饺儿。一种素馅儿，虽然是菠菜小白菜普通蔬菜为主，可是剁得其烂如泥，碧玉溶浆，好吃又好消化，里头究竟加了些什么配料，他就秘而不宣啦。一种荤馅儿，皮薄汁多，跟淮城汤包颇为近似。胡驼子得了父亲的秘传，就可以卖烫面饺儿维持生计了。萧都司跟胡驼子的父亲是同参弟兄，曾经带我到胡驼子饺子馆吃过，他家素蒸饺玉糁新斋，浥润清鲜，真有让人吃过还想再来的吸引力。有人说安庆江万里的蒸饺最好，合肥蒯若木丈批评江万里的饺儿油嫌稍重，比起胡驼子来还稍逊一筹。蒯是美食名家，所加评语当是的论。至于他家肉馅儿蒸饺，一包卤汁腴而不腻，跟上海怡红酒家的灌汤饺滋味在伯仲之间，可是价钱方面就廉宜多了。

菜薹上市的时候，胡驼子还兼做红菜薹的罐头来卖，外销远及平津沪宁，甚至关外山陕，也有人来函邮购。武昌洪山出产红菜薹，清鲜甘冽，本来久负盛名，可惜菜蔬容易发霉无法及远。当年张香涛拿来馈赠京里亲贵的红菜薹，源自幕府里一位师爷想出来的一个妙法。先将菜薹摘去败叶，然后把接近菜根的部位，在滚热的香油里一浸，放入干净铁罐内固封，可以保持半个多月不会霉烂，色香如新。到了菜薹上市，因为是独家生意，一个菜季，入息也就很可观了。有一年奉军旅长刘多荃到武汉公干，正赶上红菜薹大市，他就一口气在胡驼子处买了上百罐红菜薹，带到平津送人，得之者用腊肉来炒，无不视同珍异。听说当年少帅张汉卿对于湖北洪山的菜薹也有偏嗜，每年都要派人来武汉，采购若干携回供馔呢！

笔者在武汉工作五六年，那里著名的菜肴，或是独特的小吃，虽不能说遍尝，大概也吃过八九。北伐之后，武汉三镇财经商业渐渐移向汉口，谈到吃食，简直味兼南北，媲美沪宁。武昌方面对于饮馔，虽然日趋式微，可是有些独特小吃，如果碰上识途老马推介引导，还是不乏一尝异味的机会呢！

宋子文在武鸣园大啖河豚

究竟河豚在鱼类里是不是最为鲜美，我不敢说，可是大江南北"拼命吃河豚"这句话，古已有之，而且真有嘴馋的朋友，因贪吃河豚而被鱼子胀死的惨剧发生过。

河豚别名叫鲑，可不是美国人喜欢吃的那种鲑鱼。古时又叫鲀，生长在河海交流咸水淡水之间，中国的河豚以淮海一带生产的最为鲜美。这种鱼小嘴大肚子，属于无鳞鱼类，肚腹都是雪白颜色，也最敏感，一碰到水藻鳞介，立刻像皮球一样膨胀起来，所以淮阴一带土话又叫它气泡鱼。

河豚种类繁多，虽然全都有毒，可是分

为可吃跟绝对不可吃的两种。淮城淮阴一带，到了春末夏初，河豚正肥的时候，大家小户都要吃上几顿来解解馋，因为所见者多，所以出了若干割烹专家。他们一望而知何者肥腴可吃，何者不但不能吃，而且要立刻弄死深埋地下，以免别人误吃中毒。据精于此道的人说："河豚脊背花斑纹理越鲜明，毒性就越剧烈，背颈呈现浅灰色每条不足一斤的，那是属于花斑河豚幼鱼，土名叫作灰气泡子，也不能吃，吃了也能送命。"总之，河豚味道鲜美，别有一番风味，是别种鱼类无法跟它比并的，所以有人宁可拼着性命来吃河豚，这足以证明河豚的甘鲜腴美是多么诱惑人了。

其实割烹河豚有几条基本原则，能把握住原则来吃河豚，是不会吃出人命来的。到了河豚上市时节，淮阴一带讲究接姑奶奶回娘家吃河豚。如果时常吃出人命来，谁还敢冒偌大风险接姑奶奶呀！吃河豚主要选毒性轻微的河豚，其实河豚肉大部分是无毒的，其毒多在肝脏、卵巢、鱼子、鱼血里，只要收拾得干净，那几种有毒的鱼摒弃不吃，就不会出问题了。笔者两度到淮城，一次是冬季，自然无河豚可吃；另外一次正是荆芥开花（据说荆芥花落入河豚汤内，吃者中毒无救），应当是河豚上市的季节，只见当地住户家家洗盆刷桶，那是准备吃河豚的前奏，以为这次必定可以大快朵颐了。谁知那一年鱼汛稍迟，还没有河豚应市，可是公务紧迫，又不能稍延，幸亏淮城居停沈劲冬兄家中存有隔年晒制的河豚鱼干，烧肉煨汤，总算稍解馋吻，可是干鲜有别，始终有一种隔靴搔痒的感觉。

民国二十二年役于汉，武汉也是出产河豚、讲究吃河豚的地方，尤其硚口的武鸣园是武汉三镇远近驰名的百年老店。真有远从沙市、宜昌慕名而来，特地赶到武鸣园吃河豚的。硚口地区已经算是汉口郊外，武鸣园是一座木造楼房，楼上楼下可以坐六十位客人，迎门就是一铺大灶，溶汤沸滚，鱼香四溢。可是墙宇黧黑，泥垢斑驳。第一次光顾的时候，猛然想起李时珍《本草纲目》上说："煮河豚时忌梁壁火焰。"看了这种情形，哪还敢俯然入座，幸亏同去的赵知柏兄光顾过多次，毫发无伤，这才抠衣坦然入座。武鸣园这大锅鱼汤，平素是煮鳝鱼，河豚上市加河豚，终年鼎沸，羊脂温润，其白胜雪，比起扬泰的白汤面自更鲜腴肥美。到武鸣园吃河豚，都是专程而来，既然豁出去啦，自然是一大碗一大碗的，像吃蛇羹一样大啖一番。请想能够拼着性命不要也要尝尝的美味，其滋味如何，还能错得了吗？所以吃完之后，每个人全是湛然香暖，其乐无极。

民国二十三年春天，财政部部长宋子文来汉口巡视财税机构，统税局的谢奋程、印花税局的韦颂冠、江汉关的席德炳、金城银行的王毅灵，都是财税要员，公余自然追陪游宴。当时汉口只有一家粤菜馆是冠生园，连吃两餐，就都厌腻，宋一再提出要吃一次武鸣园的河豚，可是在座政要，谁也不敢应声。第三天在吃中饭时，宋忽然掏出一枚银圆，笑着说："我打听出吃河豚的规矩，要吃就是自摸刀（自己吃自己），因为有危险，所以没人敢请客的。我自己出钱，不要人请客，你们这些识途老马，总应当陪我一尝异味了吧！"他这一番连玩带笑的话说出来之后，晚饭大家只好硬着头皮，陪他到硚口武鸣园吃河豚啦。

宋体力充沛，食量兼人，有一年因为某种政治因素辞去财政部部长职务，某一位新闻记者访问，问他是否健康欠佳，他毫不考虑地说："本人体健如牛，这次请辞完全基于政治上看法不同。"率直大胆，上海新闻界的严独鹤先生，称宋是天真无邪的部长，可以说批评得恰到好处。后来他再度出掌财政部，部里同人背地里送他一个绰号，叫他牛部长。这次到武鸣园吃河豚，既然是想望已久，自然是大啖一番，想不到顷刻之间，他连吃四大碗，好像意尚未足，连说过瘾痛快，"拼命吃河豚"这句话是有它的道理的。

自宋吃过武鸣园后，这家馆子名气就更大了，中央要员道经武汉，赶上河豚季慕名前往的，大有人在；比起苏州木渎吃鲃肺汤还要来得轰动。

胜利还都，有一次资源委员会在上海中央银行开会，笔者又跟宋氏相值，他想起当年在硚口武鸣园大啖河豚的往事，豪情飙发，自信虽然事隔十多年，仍有连啜四碗的食量。笔者告诉他在抗战期间，日机轰炸武汉，硚口受灾惨重，武鸣园已经成了一片瓦砾。彼此相顾，回想当年大家狂啖河豚的豪情壮举，心里都有一种说不出来的滋味。

从民国三十五年来台，久已忘记河豚鲜美滋味，哪知道日本人爱吃河豚的也大有人在。前几年日本料理银锅在台北新开张，银锅主人跟亡友徐松青有旧，他从日本运来一批河豚，知道松青最嗜河豚，所以约了我们几个不怕死的大尝鲜味。可惜日本烹调方法跟中国不同，他们是吃生的，配料也是吃沙西米的一套，把河豚鲜腴肥润的特长，都让芥末辣味给搅和了。虽然觉得可惜，可是又未便说出口来。这件事距现在又有十多年，想吃适口充肠的河豚，只有等将来解馋吧！

宋子文拼命吃河豚

　　爱吃鱼虾的朋友，曾经评论鱼类最肥硕鲜美的首推河豚。河豚含有剧毒，一个处理不当，吃了下去，立刻送命，拼命吃河豚这句话，古已有之，可是嗜之者照吃不误，可见河豚是多么诱惑嘴馋的人啦。

　　长江江阴要塞一带，都有河豚，而以清江县产量最丰、鱼最肥嫩，此外武汉也是出产河豚、讲究吃河豚的地方，尤其是汉口硚口武鸣园是远近驰名专吃河豚的百年老店。有一年财政部长宋子文莅临武汉视察财税业务，当地财金大员，自然天天追陪杖履，东边视察，西边督导了。某天宋子文忽然提起，就说汉口有一家专卖河豚的饭馆，他想去尝尝，当时在座多人彼此相顾，谁也不敢搭腔，宋则非常知趣说："我知道吃河豚谁也不敢请客。"说着就掏出一块钱，"算咱们自磨刀自吃自吧！"

部长大人既然这样了，于是晚饭大家就打道武鸣园了。武鸣园煮河豚的汤，是老汤，天天不停地在火上滚，河豚上市自然是天天煮河豚，没有河豚的时候煮黄鳝鱼，所以看浆似雪，味浓鱼鲜。宋子文平素自命体健如牛，食量甚宏，在连声赞美之下，顷刻之间，就吃了三大碗，好像意犹未足，回到上海之后，在秦汾、李傥一般老友之前，把武鸣园河豚之肥浓鲜美，形容得淋漓尽致。后来财政部同仁，凡是有事到汉口来，都要光顾一次武鸣园以尝异味，可惜抗战开始不久，日机轰炸武汉，硚口一带受灾惨重，驰名湘鄂的百年老店武鸣园受了池鱼之殃，也变成一片残垣瓦砾了。

洪山菜薹

　　湖北武昌的洪山，出产一种茎呈深紫色的菜薹，棵大茎肥，松脆鲜嫩，尤其在经霜之后，入口甘脆，可称一绝。民国二十二年夏季，武汉酷暑，夜月澄清，站在龟山兴略楼前，远眺第一纱厂的烟囱，白虹弥天，恍如玉柱。湖北名绅方耀亭（本仁）先生，在武昌黄鹤楼畔，有一数亩小宅，倚山面江，奔流浩瀚，高峰竞秀，池波生风。他知道我不耐酷热，特地约我暑期移住此间避嚣追暑。泽口寓所骄阳竟日实在难耐，于是搬至方耀老的别墅度假。两位执役老人，鬓发皓然，都已年近花甲，晚间乘凉闲聊，才知清末先姑丈王嵩儒任武昌府知府时，两老一丁一许都在府衙当差。彼时南皮张之洞任湖广总督，发现菜薹这种珍蔬异味后，未敢独享，当即列为贡品，献送京师，交寿膳房配以云腿丝清炒进呈御前供膳。当蒙慈禧皇太后的逾极赞许，并以馂余派宫监赏给固伦公主尝新，还传谕把洪山菜薹种子移植丰台、海淀两处培育。由于北京土壤气候不适宜种植，始终未能培育成功，可是武昌洪山菜薹，已经名噪京师了。据丁老说："真正洪山菜薹，在洪山也只有几亩荷塘和芦芽丛生的隰地出的，才是珍品。传说明代秋决行刑，都在此地，重罪戮尸，不准苦主收尸，都扔在池沼水塘里面。到了清朝不在洪山行刑，于是填为耕地，改种菜蔬，不但菜薹特别肥嫩，就是附近溪塘所种菱白、笋，也都壮苗鲜美。北洋时期鄂督王子春（占元）为了结好关外王张雨亭（作霖），知道张喜欢吃茼蒿、菜薹一类山蔬野菜，特地把洪山荷塘一带列为禁区，每年到了菜薹盛产时期，大量采撷，逐棵截断茎口，用滚热花生油一沾，装罐、抽气、焊封，运到东北。其间历经舟车辗转，最快也要二十多天，登盘荐餐，仍可色鲜味香，毫不走样。"一般人吃菜薹喜欢用香肠或腊肉同炒，丁老得刘师长多荃一位副官的传授，说张大帅吃洪山菜薹都要素菜荤烧。丁老有一天大发豪兴，亲自动手，把菜薹洗净，仅留嫩茎，用鸡油大火爆炒，琼瑶香脆，风味绝佳，恣飨之余，两人喝干了一瓶茅台酒，至今想起来还觉得其味醺醺呢！

蓉城款宴嘉宾的几道名菜

　　四川成都有一部分人认为饮馔是人生最高的享受，无论家厨或餐馆，为了表现其独特风味，每个人烹调菜肴都有其不同的手法。

　　抗战接近胜利时期，那时的行政院长是由孔庸之先生担任，各国嘉宾往来于重庆、成都之间，络绎不绝，如当时的美国副总统华莱士、共和党领袖威尔基就曾数度来华，且都是赶在夏天。他们两位，不但是美国的有名美食专家，而且对中国菜自认是颇有研究的，当时蓉城的饭馆像荣乐园、姑姑筵、颐之时都有名满中外的厨师。嘉宾莅临，总要有几样特别菜拿出来以飨国宾，荣乐园做了一道鲜橙焗鸡。这道菜用的肥母鸡，宰后不用水洗涤内部，而是以消毒纱布拭尽腹内血水，然后泡在两瓶上等葡萄酒里，经过两三小时，酒已阴干，再以各种香料制成的花椒盐把腹内涂匀；随后以电炉慢慢不停地翻烤，同时用针筒将橙汁，注入全部鸡身，橙汁酒香渗透烤，烤好之后不但色香馥郁、橙透噀人，并且颇合一般西方人的口味。

颐之时是一道牛头肉烧苋菜。牛肉要选用脑门心一块核桃肉，配料是大干贝十枚，配上云腿十片、香菇、玉兰片等。先用细火将核桃肉煨至极烂，然后将配料苋菜下锅，一同拌炒几下，起锅盛入白地蓝花瓷盘里上桌。这道菜酥醇细润，腴不腻口，威尔基认为这种讲火候的菜，是美国菜难以企及的。

姑姑筵的菜，两位贵宾早就闻其大名了。他们准备了三鸡一味，烹调过程是：头一天，先把五六斤重的老公鸡和瘦猪肉吊汤；第二天清除鸡骨肉渣，再将第二只中号嫩母鸡除去头脚脯子肉跟大排翅同煮。俟客人入座，再将鸡汤鱼翅放入锅内与第三只嫩鸡大煮，到九成火候起锅。这第三只鸡精华内蕴，反而吸收前两只鸡的原味，翅烂鸡糜，润气腾香，后来成了姑姑筵的一道名菜。胜利后，这几位美食家有一次在双橡园宴会上同席，大谈抗战时期在蓉城的食经，可惜是这样的盛筵不再，大家徒殷揣想了。

四川泡菜坛子

古人说："美食不如美器。"所谓美器并不一定说是餐具古朴雅驯，同时还有配合烹调技术，若用某些器皿，才能入味。例如扬镇著名劙肉（现在大家都叫它"狮子头"了），必定要用砂钵子炭基来煨才能滑嫩够味。要吃真正四川泡菜必定要有泡菜坛子，才能泡出标准的四川泡菜来。

舍下虽然世居北方，先曾祖、先祖都曾游宦云贵四川。西南人嗜食麻辣，犹如北人多喜葱蒜，二者同有杀菌辟瘴功用，兼能刺激食欲。先世游宦南北，全家老少，习惯成自然，辣椒乃成餐桌上每饭必不可少的作料，泡菜更是宜饭宜粥的小菜。四川泡菜固然出名，泡菜坛子虽然是粗陶制品，可是别处烧的就不对劲——现在莺歌窑户也有烧好的坛子出售，甚至有人拿样子去订烧，可是烧出来的制品愣是不对劲。

广东也有泡菜是糖醋泡的，配烧腊吃，外省人叫它泡菜，广东人叫它"酸果"，其实跟四川泡菜完全两码子事。正统四川泡菜，使用材料不多，花椒、盐、高粱酒、姜片、红辣椒、冰糖数块，连同所选用蔬菜洗净，用布把水分吸干，一并投入泡菜坛子里。不可有一点油星水分，否则泡不几天，面上起一层白沫子，一坛子泡菜就报销了。泡菜所用蔬菜以包心菜、黄瓜、莴笋为大宗，泡菜高手可放些象牙白萝卜、水红小萝卜，弄不好萝卜容易臭汤。放几枚水红萝卜，所有白色蔬菜都能带上些微粉红颜色，非常美丽。北平出产一种甘露菜，一圈一圈长得像宝塔，银条菜好像白色嫩芦笋，都是嫩脆爽口的菜蔬，再配上几只嫩姜芽、胡萝卜、嫩扁豆，就色香皆备，百味俱臻啦。

腌泡菜的坛沿儿，一定要深浅合度，坛子上的盖碗要严密合缝不能走气，天天要看看坛沿儿里的水分深浅，一看水分不足就要加水。另外夹泡菜的专用长筷子，不能沾水沾油。泡菜放在阴凉透风地方，如果疏忽一点儿就会变质。浸泡时间刚开始泡为五至七天，以后泡时间就可以缩短，此外夏天温度高，冬天温度低，浸泡上应随时加以调整。菜泡得入口后，调味品可以随时增加。我家老幼都嗜食泡菜，几乎天天都有泡菜上桌，靠南墙走廊一排都是四川带回来的泡菜坛子，坛子各有不同时鲜菜蔬，坛子用得越久，泡出来的泡菜越醇厚。

台湾皮以书女士生前，对于泡菜有几句名言："吃四川泡菜，要带点欣赏的心情，慢慢地嚼，细细地品，才能从舌根上感觉到其味，妙趣无穷。"这真是知味之言。

新都美味酱兔儿腿

抽旱烟的人都知道，关东台片、金堂柳叶，一产东北，一产西南，都是烟中极品。其实四川金堂烟的产地在新都县的独桥河乡，只有十多顷烟田，因为产量不多，所以极为名贵。

知友中农所技正胡印川兄是研究烟叶品种的专家，他为了研究金堂烟种植情形，特地到新都县实地考察一番。当地土壤气候是生产优良金堂烟的主要条件，如果移植，第二年组织变粗，香味消失就变质了。胡兄到新都考察金堂烟，正当新都秋收之后，他发现田里到处都是黄毛野兔，跟当地农户一打听，敢情兔皮、兔肉也是新都的特产。

四川有一种苕菜，是猪羊的一种饲料，剩余的菜根又是最好的堆肥。野兔本来繁殖力极强，据说吃了苕菜传代更为迅速而且肥壮，所以农家甚至以养兔子为副业，主要是剥皮外销。

抗战期间，出口销到欧洲的兔皮多达一千万张，去皮后的兔肉用花椒盐一腌，酥而且嫩，是下酒的隽品。早期名记者濮一乘在皈依佛教之前，最喜欢吃兔肉，他把兔子后肢卸下来，在高粱酒里浸上半天，然后塞在酱园子大酱缸里，等第二年秋冬之交将兔腿从缸里拿出来烤熟，撕着就蔺酒吃。

蔺酒是四川跟贵州接壤的蔺县出的一种土烧酒，品质跟贵州茅台酒极为相似。据说四川最有膘劲的范哈儿跟另一位军长潘仲三发现酱兔腿配蔺酒喝别有风味，有一次两人一发豪性，赌吃赌喝，每人喝了两斤蔺酒，吃了二十七只酱兔腿，未分胜负。酒后范哈儿呼呼大睡，潘文华还摸了八圈麻将，算是潘胜了。这一来新都县的酱兔腿驰名遐迩，不过慕名前往的人，只能尝到现腌的兔腿，至于酱兔腿，不是找到门路的老吃客，还不容易吃到呢！

湖州的板羊肉和粽子

　　在北平吃惯了西口的大尾巴肥羊，无论是爆、烤、涮，甚至羊肉做馅儿包的水饺、烙的肉饼，只觉得羊脂甘腴，毫无膻腥厚腻的感觉。后来在上海大雅楼吃过一回羊羔，另外吃过一次带皮红烧的羊肉大面，虽然收拾得挺干净，可是看到肉皮上个个毛细孔，立刻想到怪不得南方人都喜欢到北平买滩羊皮呢！敢情他们把羊皮都吃啦。

　　上海的羊肉因为品种、水草关系，赢瘠无膘，不管怎么做法，吃到嘴里不是淡而无味，就是后味儿带点膻腥。所以我在南方住了若干年，对于南方的羊肉，始终不感兴趣。

有一次同一位世交叶曼云兄在上海洪长兴小酌，他要吃涮羊肉。我说南方都是山羊，没有大尾巴绵羊，羊肉膻重味薄，我虽然是北方人，可是对于太膻的羊肉实在胃口缺缺。叶是湖州南浔人，他说："你伯祖秋宸公在光绪初年去过我们湖州府，彼时你还没出生，可是湖州板羊肉你总听家里人说过，鲜而不膻，足堪媲美北平的羊肉吧！"

先伯祖秋宸公，历官浙江杭州、嘉兴、湖州等地，曾经把搜集的清代大儒洪亮吉卷菔阁藏书十八种，赠送给南浔小莲庄主人，收入他《嘉业堂丛书》里。后来虽然经过几次兵燹，庋藏海内孤本因此散佚不少，可是听说卷菔阁藏书却安然无恙，早就想有机会到湖州去观览一番，始终没能成行。现在既有曼云兄这位识途老马，于是拨冗作了一次吴兴之游。没到吴兴（湖州）之前，只知道湖笔徽墨，湖州的笔是闻名全国的，湖州的丝绵轻而且暖，翻丝绵更是当地妇女拿手杰

936

作，至于最负盛名的板羊肉、甜咸粽子，则没有特别注意过。

清代叫湖州府，到了民国废府以后，把乌程、归安两县合并改称吴兴县。县属有个小镇叫"双林"，当地人都叫它"吃码头"。这个吃码头，倒不是镇上有什么繁弦急管、珍错毕备的茶楼酒肆，而是鳞次栉比一家挨一家的小吃店，不但每家各具独特的风味，而且价格廉宜，更是京沪各地外来客人想象不到的。湖州人夸称，双林镇的板羊肉，润气蒸香，腴滑不腻，可算独步江南，就是专门讲究吃羊肉的关东、塞北，也不容易吃到这样味醇质烂的美肴呢！

双林镇饲养的羊，他们叫湖羊。一般住户都有饲养湖羊的习惯，多多少少总要喂上三五只，自己留着吃，或是卖给羊肉店。至于专门饲养湖羊的大户，养上千儿八百只也不算稀奇，因为双林镇的羊，除了供应"双林""乌镇"两个吃码头消费外，还要大批运销外地呢！当地老一辈的人说，双林的湖羊，实际就是北方绵羊的品种，在元朝入主中原时，移殖江南一带的。因为太湖水域，厥壤肥饶，草木明瑟，湖羊在这种洞天福地长大，食青芝啜玉露，羊肉焉能不腴润甘鲜，人夸上味。

双林的板羊肉，做法是加料白烧，样子颇像天津醉白楼的水晶羊羔，可是味道又完全不同。镇上有一家羊肉店叫"戴长生"，这个买卖已经有一百多年历史，算是镇上最具规模的羊肉店。他家从上代流传下一个不成文的规定，每天只宰二十头湖羊，决不多杀，每天一早儿开市，卖到日将近午，大概就盆空釜净，清洁溜溜，后来的顾客只好空手而回，明日请早啦。

当地的老吃客，有时打算请外地客人吃戴长生板羊肉，都要先期预订，否则去晚了难免向隅。敝友叶曼云兄是南浔叶家滨大族，跟戴家有累世姻谊，所以双林之行，吃到了上品板羊肉，而且参观了他们割烹过程。

　　敢情煮羊肉不用金属釜鼎，而是特制的一种平底长方形的石槽，其形状就像古代用为外棺的石椁。把宰好的羊，先斩头去尾截掉四肢，刮净羊毛，把整只羊分成两片，用削好的宽竹片像风鱼腊鸭一样，把羊肉片子撑得平平整整，放在石槽子里。大石槽放四只（八片），小石槽放两只（四片），所用作料，各家都有秘不传人的配方，由自己人兑好分量，在石槽底下点起木柴来烧煮（据说用松、杉、榆、桦，还有不同的名堂，当然烧出来的肉，也各有不同香味，镇上的食家一尝便知是哪家烧的）。石槽厚重，虽然柴干火烈，因为石釜传热迂缓，名为烧煮，其实石质坚厚，不渗油鲜等于文火煨炖。每天从傍晚炖到第二天黎明，皮煨得晶莹透明，肉煨得滑香温润，香气内蕴，既酥且嫩。起槽折骨，放在白案子上，冬令沍寒，凌晨尤为沧湄凛冽，刚出锅的热羊肉，不一会儿就变成望若缕冰、入口酥融、驰名远近的板羊肉啦。曼云兄说，有一次天没亮，到店里约他的令亲赶早班船去杭州，正赶上羊肉出锅，拿刚出炉的草鞋底烧饼，就烫嘴的板羊肉吃，肥甘适口，这一顿可遇而不可求的晨餐，是他毕生难忘的。

除了板羊肉是当地特产外，湖州粽子也是全国知名的。台北卖的烧肉粽除了一部分是台湾口味外，此外像九如一类的饮食所卖的粽子，差不多都是以湖州粽子作号召，由此可以证明湖州粽子流传之广啦。

湖州有一家著名的茶食店叫"褚大昌"，据说褚家就是以卖粽子起家，后来才开茶食店的。在湖州，褚老大的粽子也是一绝，要说褚大昌也许没人知道，要说褚老大那就无人不知无人不晓了。褚老大最初是夜间河街叫卖猪油豆沙甜粽的，他做的粽子，糯米拣得精，绝不会掺有沙砾，豆沙洗得细，吃到嘴里甜度适中，不太甜也不腻口。尤其粽子包扎的松紧，恰到好处，糯软不糜，靠近豆沙处不夹生，靠近粽叶处不黏滞，这是别家粽子做不到的。因为生意越做越兴隆，过后又添上板栗鸡肉粽、火腿猪肉粽，虽然训练一批人手，专门包扎甜咸粽子，可是他家茶食店门口，每逢年节，经常还是要大排长龙呢！

我在上海跟曼云兄共事多年，他每年总要回乡省亲两次，每次回到上海，大包小包差不多塞满一大网篮，全是吃食。除了戴家老店的板羊肉、褚老大的粽子外，还少不了桂香村的黑芝麻酥糖，稻香村的核桃云片糕、野荸荠的百果糕。人人都说苏州茶食细巧精致，可是以上几品茶食，味道似乎比湖州做的尚觉稍逊。目前浙江下三府（湖州、杭州、嘉兴旧称浙江下三府），旅台人士甚多，想起腴滑不腻的板羊肉，精美醇烂的肉粽，就不是耽于饮食的朋友，也不能无莼鲈之思吧！

糟蛋和糟鱼

端午节前夕，有一位广东籍朋友邱百兴，特地从屏东的新园乡来台北，送我一小坛糟蛋，他叫它"软壳鸭蛋"。他说："这种用糟浸的软蛋，您一定没吃过。"我打开坛子一看，就知道是浙江嘉兴府属平湖县驰名中外的糟蛋。

邱君平素嗜酒，而且爱吃鸭蛋，他有一位做小五金的平湖朋友，看他在新园河川地养了不少白毛鸭子，每天可收获不少新鲜鸭蛋，就教他制作糟蛋。平湖人十之八九都会做糟蛋，除了选蛋外，先用米醋把外壳泡软，然后用老糟浸透，最好放在有釉的陶器里，放在阴凉的地方。至于什么时候开坛，那就看个人的手法了。

邱君所制糟蛋，香、味都合标准，只是颜色稍差。我告诉他，当年在大陆，每年秋天总是有高邮朋友送我高邮双黄蛋，我自己不会用糟，就把双黄蛋一律交给上海四马路画锦里紫阳观老师傅做糟蛋，他们不收工本，十取其一，留给柜上共享。这种糟蛋，蛋黄殷红发光，蛋白柔香噗人，实在是佐粥下酒的圣品。

糟鱼一定要用青鱼，活青鱼用大粒盐搓遍鱼内外，腌晒风干后，用酒酿浸渍起来，等到纤维坚韧，肉现殷红，在鱼块上堆置原制酒酿，加上姜、葱、猪油丁，文火蒸熟，质腴飘香，袭人欲醉。当年袁豹岑住在上海时，他有一位姬人出身嘉兴烟雨楼船娘，对于蒸糟鱼，别具妙手，留客消夜有时配冬菜，有时配扁尖火腿，花样百出。每令人健饭加餐，必定食尽其器方能罢手。

吃在江西

前几天在天厨餐馆跟杨叔瑾（家瑜）先生同席，杨是江西人，他说："大作《中国吃》《天下味》《大杂烩》《酸甜苦辣咸》几本谈饮馔的书，我都看过，凡是中国各地餐馆名看，书里都谈到，就是没提到江西有什么好吃的菜，以及有名的大小饭馆。外省人常说，江西就没有顶呱呱的饭馆，更没有什么出色的菜，你的看法如何？"

笔者说："这些话都是没到过江西的人说的，其实江西东部跟闽浙毗邻，南部过了大庾就是广东，西部溯江而上，就是嗜辣的川湘，北部又跟以蒸菜出名的湖北接壤，江西省已经把中国东南半壁的饮馔，含英咀华，酿其精髓，又何必一定要有江西饭馆呢！”这跟走遍全中国，也说不出哪家是地道的北平馆子是同一道理（在台湾有些饭馆，招牌上写着平津小吃，严格地讲只能算登莱青的山东菜而已）。

“当年贵省德化县李木斋盛铎太年伯说过：‘江西省虽然没有什么珍馐美味，也没有什么出名大饭馆，可是有一层，越是上食珍品，越要用江西细瓷来盛，美食必须美器，明乎此也足以自豪了。’这句话好像有点夸张，可是细一琢磨，还真是有点道理。”

江西同胞每每自谦是箪食瓢饮不改其乐，文章节义之邦，不在饮馔方面加以研求。其实江西割烹之道，早就颇著声华、特擅胜场了。在海禁未开之前，从华北、华中通往广州这一条国际贸易路线，就以江西赣州（古称虔州）为必经之地。当年商贾云集，车船辐辏，既然是云拥骈阗，自然声歌饮馔，悉萃于此。乾隆戊戌（1778）正科江西大庾的状元戴衢亨有一篇文章里，赞美赣州的酒食，有牛唇麗首，鹅掌鳖裙，鼎俎庖宰，无不精妙的词句，足证早年赣州的饮食，是如何的馔脍精湛啦！

谭组庵先生有一年从广州到南京，路过江西赣州，当地巨绅刘良湛，在他华荸巷寓所，设宴款待，他知道谭畏公是精于饮馔的，对于鱼翅尤有特嗜。赣州有一家饭馆叫张万兴，什么糟煨鸭肝、纸包鸡、芙蓉双味烩鸭舌都是他家名菜，尤以红焖排翅最为拿手，于是叫张万兴的头厨到家里来做菜。

张万兴听说请的是"国府主席"，又是专讲究吃鱼翅的大行家，不但选用年份合适的大排翅（鲨鱼过老或不及龄，鱼翅虽大均非上选），所用的配料鸡汁、紫鲍、蒋腿都是撷取精华，刀工、火候，当然更是小心翼翼丝毫不敢马虎。等这道砂锅红焖鲍翅上桌一揭盖子，立刻琼瑶香泛，翅润汁肥。畏公固然是尽兴恣餐，一般陪客也大饱口福。散席之后，畏公赞不绝口，认为广州四大酒家谟觞、文园、南园、大三元都擅制鲍翅，讲火功、滋味，都不及张万兴做的香醑入味。曹荩臣（谭厨）如不是悉心指点，恐怕还不及张万兴。畏公临走时一高兴，还写了"推潭仆远"四个大字给张万兴做纪念呢！张万兴经此品题，从此名噪赣南，两湖来客，都要尝尝他家的红焖排翅是如何的好法。其实除了鱼翅，他家另外几只拿手好菜，象肉千味，味各不同，均有独到之处，不过为红焖排翅盛名所掩，大家没多注意罢了。

民国二十一年春假，我跟至好汤佩煌、刘孟白从汉口到九江、南昌去春游度假，在南昌走过一家小饭馆，看见好多人排队等在那里。跟路人一打听，才知道是等着吃"涮子米肉"的。什么是涮子米肉，不但我这北方侉子不知道，就连汤、刘两位湖北佬也"莫宰羊"，可是又不便再问，怕人笑我们是乡巴佬。于是第二天中午，我们三人一商量，也加入行列排队，等候进餐。吃到嘴后才知道是"粉蒸肉"。

据当地老吃客说："鄱阳湖附近汀州汉港，土地肥沃曲洄，有一种水稻，粒长而细、香糯可口，叫'柳溪米'。这家所卖'涮米子肉'是把柳溪米在锅里煸黄，加入秘制五香料研成细末，拿来蒸五花肉，滑美蒸香，烂而不腻，米粉甘滑，绝无杂质，下酒佐饭，两俱相宜。不过这家饭馆牌匾上写明'叫花子馆'，除了本地人习以为常，外路人看到叫花子馆，总觉得别别扭扭不十分愿意光顾的，你们三位大约是好奇心驱使才来一尝的吧。"吃完出门抬头一看，果然是"叫花子馆"四个大字。一般饭馆取名，都力求堂皇典丽，居然有人取名叫花子馆，未免匪夷所思，其中必定有道理因由存在。可惜问了几位当地朋友，也没有一位说得出所以然来，直到现今，这个谜底我还没解开呢！

文芸阁的哲嗣公达年伯（江西萍乡人）说："鄱阳湖所产鱼的种类繁多，吃鱼讲究'春鲋''夏鲤''秋鳜''冬鳊'。就拿欢蹦乱跳的活鳜鱼来说，平津沪汉都无法吃到鲜活的，北方馆糟熘鱼片，正宗做法应当用鳜鱼，如果拿活鳜鱼来做，必定更好吃呢。还有我们江西银鱼也是一绝。湖北黄陂同胞说，云梦红眼墨尾银鱼，是天下无匹。湖南长沙同胞说，洞庭湖通体透明的银鱼是天下第一美味。河北塘沽同胞说，卫河表里晶莹的银鱼，连乾隆皇帝都夸称鱼中'隽鳞之翠'。江西同胞则特别强调瑞洪镇的银鱼是银鱼中的极品。其实这四种银鱼，烹调方法不同，滋味迥异，自难分轩轾。湖北的银鱼，把它制成鱼面，用菜心来煨，清隽芳鲜，调兰味永，可算一绝。洞庭银鱼用冬笋干煸来吃，宜饭宜酒更宜粥。卫河银鱼其白胜雪，拖面来炸，骨脆肉嫩，吐不出一点渣滓，老饕们公认是佐酒的珍品。瑞洪镇银鱼，新鲜的并不好吃，要先把银鱼晒干，等吃的时候才用开水发开，用瘦肉、绿韭黄炒来下酒，据说要趁春韭上市来吃，一声夏雷银鱼就鲜味全失了。宋代名臣江西临川王荆公，是最不讲究饮食的先贤，可是临川朋友说，王荆公特嗜银鱼做的鸡蛋汤，虽然不知何所据而云然，由此可知江西银鱼是多么鲜腴诱人了。"

江西各大城镇饭馆子，都是打着外省招牌来号召顾客的，例如南昌的普云斋夸称其烤鸭媲美北平烤鸭，丰泽园以礼聘北平名厨来吹嘘，松鹤园说是苏州松鹤楼的分店，绿杨邨夸称是扬州绿杨邨主厨到南昌来开的，台山园是唯一客家菜，怡红园纯粹是岭南口味。江西赣州群仙酒楼的百浇鱼头，其实是在鱼头上浇一百次作料，鱼头鲜嫩腴润，比西湖五柳鱼有过之而无不及。这种做法费工费时，完全要在火候上控制得宜，不是烹调高手，无法做到恰到好处。

现在台湾有好多饭馆都有三杯鸡这道菜，

有位吃客自命为美食专家，大言不惭地说三杯鸡是北平菜。其实追本溯源，三杯鸡是地道的江西菜，是早年泰和县二仙居一位厨师研究出来的（舍间也会这道菜，是文三爷廷式亲自指点的）。主要条件是把佐料加足，用陶瓷钵子，封紧钵盖儿，文火慢炖，不让走气，原汁原味自然一揭钵盖儿香气四溢。这种白砂加釉陶钵，是江西特产，北平根本没得卖；愣说三杯鸡是北平名菜，未免说话太离谱儿了。

鄱阳湖还有一种特产，在江西我没吃过。在上海时，李祖发、唐瑛伉俪在寓所用下午茶，请我吃汤面，香味浓郁，可是既非鸡汤，又无丝毫味精，不知何以如此鲜腴。等面快吃完，发现碗底有比米粒长一点的小鱼一撮。李氏伉俪说："这种小鱼是鄱阳湖特产，渔户把它晒干，论斤来卖。李祖发先世做过九江道，知道这种鱼干又鲜又补，所以每年鱼干上市，总要买点留起来炖汤；拿来下面，比苏北的白汤面还来得鲜美适口。"

鄱阳湖的水产中，好吃的鳞介类还多，可惜每次到江西都是匆匆来去，短时勾留，无法慢慢品尝；而当地人又不善于誉扬推荐，所以有若干美味珍肴，都被埋没无人知晓，实在太可惜了。

赣州还有一家叫宾谷的大酒楼，也是擅做鱼类的，什么蝴蝶鱼、小炒鱼、红焖墨鱼、糖醋鱼排，都是叫座的名菜。听说这家饭馆的老板兼掌厨曾老四，人家尊称曾四老爹，不但是烹鱼高手，而且是屠狗行家。他有一种秘制香料，炖出来的香肉嫩而且烂，尽管恣嚥，绝无异腥。有人吃过他炖的狗肉，香留齿颊，令人舍不得刷牙。可惜我虽馋人，对于猫肉、狗肉都不敢下箸，美味当前，也只好失之交臂了。

湖南菜与谭厨

有句老话叫"民以食为天"，上古时代人们穴居野处，能够茹毛饮血填饱肚子，也就算啦。等到有了宫城之美、辎骈之盛、黼黻之华，饮食割烹之道，当然也跟着水陆杂陈，日新月异。烹饪虽然是醯醢小事，可是却跟一国的文化息息相关。中国在世界上以文化来说，是源远流长、博大精深、最古老的国家，所以中国的饮馔烹调，也是驰名于全世界的。

听老一辈传说，清代食谱，顺着河流的繁衍萦回，可以区分三大类派：岭南派，珠江流域，以广州为中心。广州开埠最早，辎舶如云，豪商萃集，对于吃喝玩乐，当然是穷奢极欲。南派，长江流域，以扬州为中心。因为盐务衙门设在扬州，各类盐商也都以扬州为集散地，官商仕宦，都是富而多金，交往酬酢，对于饮食自然精益求精，甚且炫奇夸异，争强斗胜。北派，黄河流域，以开封为中心。因为河督在清代是有数的肥缺，河督衙门设在开封，冠盖云集，酬酢殷繁，大家对于饮食征逐也就珍错毕备，令人为之咋舌了。

湖南菜讲究大盘大碗长筷子双拼桌面，一桌可以坐上十七八个人，虽然因为风土气候关系，偏重辣味，可是一般菜肴也都是肥厚浓腴，仍然本着长江一带烹调的本色。湖南菜应当以长沙菜做代表，著名饭馆有醉白楼、奇珍阁、玉楼东、健乐园、徐长兴、马上侯、薇庐、曲园，另外帅玉、刘洪、彭厨、柳厨也都是个中翘楚。

在长沙还有一样挺特别的，是几位知名

的老饕，大家公认的美食专家，凡是他们小酌大宴，所开的菜单，酒肆菜饭都视同瑰宝把它抄存起来。当时在长沙最叫得响的木客（大木材商）是刘一平，他最擅长点菜，一桌酒席他能配合得浓淡适宜，荤素并陈，时鲜悉备，令人爽口充肠，绝不厌腻。他的菜单一般吃客都像宝贝似的收藏起来，叫作刘单。还有一位萧石朋先生也是长沙的闻人，三五人小酌，他点几个菜，那真是清鲜适口，而且价钱廉宜，所以他的菜大家称之为萧单。长沙吃客有句话是"大宴遵刘，小酌从萧"，足证长沙人对刘萧菜单的推崇倾倒。

笔者知好刘孟白，是刘一平的胞侄，在长沙任中国农民银行经理，我们同学知好一共五人，曾经做过一次长沙平原十日饮，所以对于湖南的名肴名厨，虽不能说全都遍尝，可也吃了十之八九。可惜当时萧单刘单都没抄下来，否则现在如果进到此间的湘馆点菜，岂不可以混充湖南大佬足唬一气了吗？

说到谭厨，其实并不完全是谭组庵先生调教出来的名庖，而是他老太爷谭文勤公的老厨师，调和鼎鼐本已孕育宏深，不过再由畏公精研入趣而已。谭厨行四，叫曹荩臣，是长沙人，最初是湖南布政史武进庄赓年的厨师。庄平素对服饰饮食非常讲究，曹四受庄的熏陶指点，烹调治馔日新又新。自庄心安去世之后，曹四才到谭府主厨的。

谭文勤在广东多年，口味多少受点粤菜的影响，所以曹厨的菜是淮扬菜的底子，岭南菜的手法，如果说他做的是湖南菜，还不如说他是集中国菜之精英，而不是囿于哪一省哪一个地方的来得恰当。

吕蘧生（苾寿）世丈是先伯祖文贞公的门生，当吕任职浙江民政厅的时候到上海来洽公，刚巧江西李木斋也来上海。彼此同僚知好，蘧生先生一方面约大家聚一聚，同时也要把自己的厨子显摆一番。

吕的厨师曹华臣行九，大众都说曹九是

曹四的兄弟，虽然声名不及曹四，可也算是响当当的名厨。李木老精于饮馔，也是出了名的。曹九知道这一席请的全是赫赫有名的吃客，等闲大意不得。曹四彼时正在杭州，曹九为了刻意求精，特地把四哥从杭州约来主厨。

谭组庵先生是吃鱼翅专家，谭厨当然以鱼翅做得最拿手啦，先说鱼翅吧，虽然都是翅子，可是其中的讲究可就大啦。广州是全国最考究吃鱼翅的地方，据冠生园老板张泽民说：翅身是按鱼的大小、部位来分好坏，大致可以分为尾翅、翼翅（又叫裙翅臀面）、划水翅（又叫勾翅）、脊翅、荷包翅几种。大鱼胸脊部分，翅丝特别长，所以又叫排翅。一般人只知道短与疏的叫散翅，茸而密的叫荷包翅而已。张是名庖兼吃客，因此才能分析得那么周全。话越扯越远，咱们还是拉回来谈谭厨的鱼翅吧。

谭厨的红焖大篾翅，又叫"排翅"，是他

的主菜。有人说，畏公一生尊荣富贵，绝不会用不起上品鱼翅，而用竹篾做板，夹成排翅。若知道真正红焖鱼翅，虽然是少不了火腿鸡块鲍鱼一类东西助味。可是整盘鱼翅，讲究满帮满底完全是鱼翅，不见其他助味的材料，才是珍品。所以什么火腿鸡块鲍鱼跟鱼翅一样，都是竹篾夹起来烧，等到了火候，所有火腿鸡块鲍鱼等一律夹出，全不上盘。有人说谭府的下饭菜有了火腿鸡块，那准是畏公大宴宾客了。

谭文勤公宦游南粤多年，曹厨的鱼翅做法是以岭南焗焖为经，淮扬煨炖为纬，再掺糅谭氏两代"熟烂唯上、助味无杂"的无上心法。因此谭厨的红焖大裙翅，除了深秋宴客改用蟹粉鱼翅外，鱼翅端上桌来，只见针长唇厚，满满一盘鱼翅，别无杂菜。等鱼翅入口，那真是味厚汁浓，称得上甘肥膏腴，浓郁淋漓，唇舌胶结。座上宾客，无不交相赞誉，夸为神品。

大家都知道谭畏公是吃鱼翅专家，谭府曹荩臣是做鱼翅大行家，哪知曹厨在广东时候有一个溏心鲤鱼更是一绝。当初因为粤汉铁路还没通车，湖南海味鱼虾都缺，英雄无用武之地。等到曹四来到江浙鱼米之乡，尽多的是鱼蛤虾蟹，于是谭厨宴客又多了一道名菜，就是溏心鲤鱼。据说鲤鱼一定要用土种大鲤鱼，去头尾整块用文火煨炖。因为鱼肉未用刀划，不经铁器，火功到家，吃的时候，鱼肉浓郁柔嫩，如果不说是鲤鱼，凡是没有吃过这道菜的人，谁也不相信白如羊脂、润如蛋白的是鱼肉呢。把鱼翅煨烂不算奇，能把鲤鱼肉煨成溏心，除谭厨曹四外，恐怕还没有第二人呢。

　　民国十九年，小四行（大陆、盐业、金城、中南叫"小四行"，中、中、交、农叫"大四行"）在上海开会，大陆银行的谭丹崖、金城银行的周作民、盐业银行的岳乾斋都到上海来开会，身为地主，中南银行的胡笔江自然要好好招待一番，以尽地主之谊。谭、周、岳在银行界人称美食三剑客，现在荟萃一堂，胡笔江只有友情协商谭厨曹荩臣来撑撑场面了。

这一桌席，除了红焖大裙翅、溏心鲤鱼是必备的主菜外，因为客人都是五旬以上的老人（在当年一过五十岁就算老人了），所以谭厨特地烧了一道蚌螯炖鹿筋，蚌螯是一种蛤介类食物，跟台湾的西施舌仿佛，可是鲜美过之。鹿筋对老人健康很有助益，可是微嫌燥热。蚌螯凉性，两者相辅相成，就成了温补的神品。曹四的菜以熟烂黏称拿手，这道当然是食尽其器，皆大欢喜。

岳乾斋生平最爱吃豆腐，每日三餐总有一味豆腐，所以畏公豆腐本来是家常饭菜，那天也上了酒席。畏公豆腐虽然是一道饭菜，可是在豆腐上所下的工夫，并不少于一道红焖鱼翅。据说豆腐先用吊好的黄豆芽汤煮，等豆腐生满了蜂窝眼，再用清鸡汤炖。吃的时候，再配料下锅烧，所以豆腐绝对没豆腥味。鸡汤灌注马蜂眼，炒菜的油，不能渗入，豆腐入口腴润，柔而不腻。普通菜馆虽然也卖畏公豆腐，其功候滋味，那就不能同日而语了。

竹节鸡盅，也是谭厨一道名菜。谭厨所用竹节全是新竹，取其竹茹清香，每节只有几粒鸡丁，三五片竹荪，汤则澄明莹澈，醉饱之余，啜饮数口，不但却腻，而且醒酒，可以算是席上逸品了。

听说那一席酒，曹四分文不收，只求笔江先生把他一位复旦大学刚毕业的内亲用进中南银行就感谢不尽了。笔江先生欠了曹荩臣这份大人情，他又是言必信、行必果的君子，曹四那位令亲自然是如愿以偿，到中南银行上班啦。

曹四的后人，后来都改行从商。倒是曹九的儿子曹健和，也是烹调高手，一直跟着宋子文先生司庖。宋去世后，曹健和在华盛顿开了一家北京楼，也算谭厨海外嫡系。不过海外真正会吃的嘴巴不多，曹也不屑于切剁配料，亲自动手。可是碰到真正吃客，海外逢知己，曹一高兴，挽起袖子炒上一两个敬菜，那倒是不同凡响别有一番滋味呢。

过桥米线的故事

　　江浙人到面馆吃面点，关照堂倌要过桥，是面剂加重，浇头加多。而云南过桥米线，就另有说词啦。

　　传说中云南蒙自县元江流域潴滀停洄，汇为湖泊，湖中有一座景物清幽的小岛。有一位士子每天在岛上攻读，他的妻子每天要从家里走过漫长的木桥，来给他送饭。炎炎夏日每天还可以吃到热气腾腾的饭菜，可是到了冬天，湖上霜风冽冽，饭菜怀冰冻馔，就无法下咽了。她费尽心思，想了若干方法，结果都无法保温，她深感士子终日埋首书城孜孜为学，连点热汤水都不能到嘴，自觉惭汗又感内疚。有一天她炖了一只肥母鸡，打算送去给士子佐餐，突然一阵头晕，等她清醒过来，午饭时间已过，日渐西沉。她正担心士子吃不上热饭，可是一摸汤碗，依旧很热，尝尝鸡汤还热得烫人，她看看汤上浮着一层金浆脂润的鸡油，顿时明白了鸡油能够聚热保温。后来她试着把飞薄的生鱼片，放在热鸡汤里，一烫就熟，而且肉嫩滑香，鲜腴可口。于是她每天带着布满黄油浓郁的热鸡汤和片好生鱼片的米线，走过长桥送给丈夫，让他享受甘肥适口热气腾腾的美味。而这种脍炙人口别具风味的过桥米线留传下来，让我们大快朵颐。现在除了少数云南省籍的同胞外，知道过桥米线故事的人，恐怕就不多了。

明炉乳猪

在广东最讲究吃烤乳猪。新娘子出嫁，第二天婆家锣鼓喧天给亲家送整只的明炉乳猪来，这就说明新人白玉无瑕，特来道喜。女方除了款宴来人，还要鸣鞭放炮，大宴亲朋，以示夸耀。豪门巨富真有一送就是十对八对的。您在酒楼宴客，头菜不用排翅鲍肚而用明炉乳猪，那就表示主人把您视为特级上宾了。先母舅久宦岭南，据说广州市的四大酒家——西关的"谟觞""文园"，南关的"南园"，长堤的"大三元"——对于烤乳猪，各有自己的手法和秘不传人的诀窍。第一是选猪，乳猪的标准是不超过十二斤，杀好的子猪大约是十斤，在腔内涂上玫瑰红色腐乳，所用佐料像大蒜、酒、盐、豆豉，用量的多寡，那就要看大师傅的经验和手艺啦！乳猪喂好了佐料，把片子悬挂在阴凉透风的所在，把肉皮吹得略成绷干，才能上炉来烤。我先以为明炉乳猪跟北方烤鸭所用的挂炉仿佛，谁知所谓明炉，根本不用炉，选一个避风地方升上薪炭，上面支上铁架子，把片子穿在有辘轳把的铁叉子上，把油料一遍又一遍涂匀，慢慢转动来烤。烤好之后，皮则沉色若金、迸焦酥脆，肉则肥羳味美、燔炙增香，蘸着海鲜酱吃，跟挂炉烤鸭一比，又别是一番滋味。

台湾有几家广东餐馆，烤的乳猪大致还算差强人意，不过家家都没有准备海鲜酱，用辣豆瓣蘸着吃，似乎味道就差了。广东的潮州、汕头一带也讲究吃乳猪，他们是把宰好的小猪先在盐水中浸过，风干后再烤，所以肉里略带咸味，猪身上涂油而不抹酱，吃到嘴里跟广州烤乳猪味道又略有不同。泰国曼谷几家大餐馆卖的明炉乳猪，都用的是潮州烤乳猪方法，您若是到曼谷去旅游，不妨尝试比较一下。

油淋乳鸽

现在台湾的饭馆，不论宁浙还是川扬，都有油淋乳鸽应市，其实这是广东一道名菜，最初是广州太平沙太平馆研究出来的。他们把肉鸽买回来，用少许酒糟加蛋黄、绿豆拌在饲料里喂鸽子，等摸到鸽子胸脯三叉骨软硬适度，鸽子差不多就有十两多重，可以宰杀了。收拾干净后的鸽子像挂炉烤鸭一样，挂在阴凉地方让小风吹干，使内外水分完全消失，用卤汁、芫荽汁调和在一起，在鸽子身上抹匀。据说鸽子入味不入味，全看师傅作料配得如何、涂抹得是否恰到好处了。做油淋乳鸽要有一只特制的紫铜罩子，把鸽子放在罩子里面，左手提梁就锅，右手用勺子舀了滚油，往鸽子身上反复淋浇，端上桌来皮酥肉嫩，绝无骨肉相连、撕不开、咬不断跟牙齿为难的尴尬情形。

梁均默先生说："谭组庵先生生前跟我说过，他对广州留恋的，第一就是太平馆的油淋乳鸽，他一个人曾吃过八只。"组庵先生食量本宏，所说当属实情。现在台湾的宁绍馆把油淋改为水煮，比油淋易撕好嚼多了。

闲话岭南粥品

中国有一句老话说:"吃在广州。"因为广东是最早的对外通商口岸,省垣华洋杂处,舳舻云集,豪商巨贾,囊囊充盈,口腹恣饕。所出菜式,自然精致细腻,力求花样翻新。调羹之妙,易牙难传,要说岭南风味,足堪味压江南,也不为过。

我们撇开华筵盛馔不谈,就拿广东粥品来说,就够我们恣饕咀嚼半天的了。

广东粥约分两大类。一是"白粥",又叫"明火白粥",要用瓦制牛头煲来煮。这种容器是圆桶形的,有一尺七八寸高,圆径七寸,煮的时候用井水大火煲三小时,米粒都溶化了，加一点精盐，再佐以油条送粥，清爽宜人。另外讲究点儿的在水米翻滚之前，加入腐竹、白果，每隔十分八分钟搅动一次，起锅加上一小匙花生油，炒一盘龙门粉佐粥，那就更妙了。南海诗人何秀棣，在他的《瘦园诗草》中，有一首七绝："玉楼银丝品自佳，功调水济味偏谐；何须寒食阙萧卖，早起香风遍六街。"就是咏啜粥之作。

一是"斋粥"。是在白粥翻滚后，加上猪骨头、干贝、大地鱼同煮，用来做及第粥、鱼虾粥、鸡鸭粥的粥底子。名为斋粥，其实是大荤，当初为什么取名斋粥，实在令人莫测高深。

鸡鸭粥就有好多种，有鸡片粥、鸡珠粥、鲜鸭粥、烧鸭粥、金银鸭粥（鲜鸭烧鸭并用）。

鱼粥有鱼片粥、鱼丸粥、鱼头粥，所有鲈、鲩、鲭、鳊、石斑、紫鲍，只要刺粗肉细、鲜嫩少腥，都可入粥。听说早年顺德紫竹林酒家，有鲸鱼肠肚、鲸鱼肝膏粥，广州吴连记有鲸鱼及第粥。那些属于鱼粥别裁，当年梁均默（寒操）兄曾经吃过，并且给吴连记写了一张"馇粥恣啜，味胜椒浆"小条幅，以彰其美。到了民国二十四（1935）年以后，大概世界限制捕鲸，来源困难，在广州就不容易吃到鲸鱼粥了。

虾粥正宗做法，是将明虾切成薄片用滚粥烫热的，不过广东明虾肉质不及渤海湾的对虾细嫩。我觉得要吃虾粥反而是软壳小虾仁来得明透鲜美。

在广东，吃及第粥也很普遍，名堂更多得不可胜数。在粥里加猪肉丸、猪肝、猪粉肠叫三及第，加青鱼、腰果、猪心叫五彩及第、七星及第，加牛身上材料叫牛及第，加鱼是鱼及第，加虾是虾及第。总之，广东吃粥，花样繁多，真是一时说之不尽。

有一年我到新疆，住在迪化省府招待所。一天管理员跟我说："您府上三代跟广东都有渊源，今天早上特地准备一锅广东的梁公粥给您尝尝。在西北，鱼龙虾凤，吃鱼粥材料比较困难，吃梁公粥味道可能还不输岭南风味呢！"粥一上桌，敢情是杂粥，作料还相当齐全，葱花、酱姜丝、芫荽、胡椒粉、油条、薄脆无一不备。鸡肉炖得糜烂，切丝留皮去骨，香美如油，塞上得此，堪称细味异品了。

我问管理员，既然是鸡粥，为什么要叫梁公粥呢？他说："这种粥是前几年梁寒操先生指导省府大厨房做的，朱一民将军主持省政认为可以仿效，并且命名'梁公粥'。南宾西来，我们会准备一餐来招待，吃过的人人赞美，所以成了迪化省府名点了。"

新疆在清代有左文襄的左公粥，到了民国又有均默的梁公粥，均默兄美食之名，传到新疆来了。渡海来台，因为彼此都是好啖成性，自然时共宴席，偶然间谈到梁公粥，他说："我只告诉他们鸡粥的正宗做法，他们觉得好吃便把鸡粥改成梁公粥了。倒是顺德县属有个叫容奇的小乡镇有一种粥，叫猫公粥，是把老的公猫连骨煮粥，那比梁公粥更腴美甘鲜呢！"

我虽好啖，可是猫狗猴鼠一类动物，尽管鼎俎炙腊，我是概不沾唇。在广东谈吃，真是五花八门无所不包，象肉千味，味各不同，等有机会再慢慢地谈吧！

神仙粥

广东人到了夏天最喜欢以荷叶入馔或做点心，用瓦制的牛头煲来煮，煮的时候用井水、大火，一煮几小时，米粒接近溶化程度，他们叫"明火白粥"。在水将要开锅前放下腐皮、白果，等粥熬好，将锅盖掀开，把洗净鲜荷叶代替锅盖盖严，扣上十分钟，则白粥变成浅绿色，碧玉溶浆，荷香四溢。

先曾祖乐初公在广州将军任内，暑天时常以此待客，梁星海（鼎芬）、文芸阁（廷式）给这个粥取名"神仙粥"。文三体胖畏热，后来入京会试，寄寓舍间，时常让厨房给他做神仙粥，从上午晾凉放入冰箱，到了下午拿出来当下午茶吃，一吃两大碗。当时清流派的盛伯羲、黄漱兰、李芍农、宝竹坡、张子青、李越缦，都是来吃粥的常客。

宝竹坡最喜欢说笑话，他说："无怪人家称我们是清流派，大约是这种不食人间烟火的神仙粥喝得太多了吧？"后来北平擅写掌故小说的陈慎言还把大家吃神仙粥的故事写入他的说部里呢！

新远来的鱼头云羹

　　当年广州有一家饭馆叫"新远来"，以擅制各种鱼类驰名远近，炒鱼皮、炒鱼泡、蒸鱼肠、脍鱼肠、炒鱼杂，都非常出名。其中以鱼头云羹尤为出色。有一年戴季陶跟汤芗铭在杭州举行时轮金刚法会，恭请西藏的班禅活佛莅会讲经说法，会后汤芗铭约了屈映光几位老友到广州游览，吃了几天南园、大三元一类广州著名的大饭馆，大家都吃腻了。汤铸新是湖北蕲水①人，是最讲究吃鱼杂的，他认为湖北桥口有一家叫"醉乡的小饭馆炒

――――――――――

① 今湖北省黄冈市浠水县。

鱼头云羹膏腴温润，冷玉凝脂，再加上贵州茅台下酒，简直是天下绝味。

上年我在泰国曼谷居然吃到鱼头云羹，大师傅姓雷，因为他的公子在明月酒家主厨，老太爷也就随着家人在曼谷落户。雷本人在家养老，根本不上厨了，如果遇到真正美食专家前来光顾，又自己碰上高兴，才肯自己动。家母舅对于饭馔素有研究，每天上午都要去明月楼饮茶，谁知雷老最好喝铁观音，他就把鱼头云羹做法传给家母舅了。鱼头云羹以活鲇鱼头为佳，其他草鱼、鲭鱼都不合用。鲇鱼去鳃洗去淤血，切成肉拌，以老姜、料酒、细盐蒸熟后，将大小鱼骨剔净；冬笋、冬菇、鸡肉切细丝，用油将冬菇、笋、鸡肉炒熟，然后加鸡片一中碗，小火煮开，调入茨粉，不可太多。鱼头剔出鱼脑，撒上胡椒粉、高醋，即可供馔；如能加少许香菜更妙。碗内鱼头羹能拿来煨细面吃更妙。

当年梁均点在世时，他说鱼头云羹配广

州烧腊吃，有意想不到的好处，可惜我没有尝过。

茄鲞

　　早年有一些言情小说写整桌酒席，拼盘
热炒、四大碗、六大海、甜咸点心，都能不
大离谱；可是只要写到少爷书房养病，小姐
闺中养疴，小厨房预备的几样清爽粥菜，似
乎就不大对劲了。当年张恨水写《金粉世家》
时，时当盛夏，大家都在舍下打诗钟，他突
然问我，金燕西病后调养，吃粥用的蒸鸭肫、
拌鸭掌、南腐乳、素火腿四种小菜美不美。
我说鸭肫、鸭掌一类东西，虽然名贵好吃，
但对一个大病初愈的人，恐怕终非所宜。谈
谈就谈到红楼梦里刘姥姥陪贾母吃饭，王熙
凤给刘姥姥夹的茄鲞上了。

茄鲞的做法分干湿两种。干的一种是把茄子切成细条，泡在煎过鲞鱼的油里，泡上半个多月，油香鲞香都被茄条吃透。拿这茄条来过粥，既好吃又容易消化。湿的一种，是茄子洗净，去蒂切条，用素油炸黄成为茄脯。

广东有一种咸鲞鱼叫"白鲞"，广东大海味店都有油浸好的出售，虽然价钱贵点儿，但不会买到假货。鲞糟特咸，可以先用油把鱼两面黄煎透，与鲜鱼一同清蒸，火候恰到好处，趁热铺上一层茄脯，茄子有鱼香，鱼里有茄香，实在是一道荤中带素的小菜。

不过真正糟鲞鱼价钱高，浸在油中瓶装的也有假货，至于整条腌而未泡油的，假货就更多了，此种假鲞，香味不足，无论怎么做，行家一尝就尝出来了。

广东南园酒家，自腌自泡，给老顾客做敬菜，那简直太妙了。我家当年做茄鲞，就是跟南园学的。现在台湾茄子都是长条的，

皮厚肉薄，做起茄鲞来，味道有差，近两年
我家也就不再做啦！

华筵馋余

　　十一月二日三日两天，日本 TBS 映画社的演艺高级职员，为了拍摄一部满汉全席纪录片，据香港娱乐界透露，这次华筵除了港日飞机票、演职员食宿跟这部纪录片的制作费用之外，单是那桌酒席，就花了港币十万元。这么大的手笔，不但震撼了港九，就是东南亚各国人士看了这段新闻，也觉那班暴发户的日本人，真是太烧包了（不存财的意思）。其实拆穿了说，以一个庞大电视机构来说，广告如果满档，区区一二十万港币，根本算不了一回事。不但一切花费绰绰有余，如果让日本饮食业能把那些珍馐美味的烹调技术学了去，那此次赚的钱，还要木老老（沪语"多"的意思）呢！

这桌满汉全席，台湾报纸刊载，动员了二十多位名厨，可是由谁来主厨呢？倒是引起了笔者的兴趣。经向港方调查所得，是由一位姓梁名藻的大师傅主厨。梁师傅这份手艺，听说得自两广水师提督李直绳（准）军门府中厨师"梁生"的衣钵真传。梁藻当年跟名师看过、学过、吃过，所以这次才敢担此重任。

至于这次席面上陈列的四十余件用面粉捏制的供品，满汉全席称之为"看果"，清宫膳食单又叫"看碟"，香港的杂志曾经把其中最精彩的四件（"碧水金鳞"，是两条栩栩如生的龙睛凤尾鱼。"喜庆珠联"，是一个老婆婆看见她的母猪一胎生了十多头仔猪。"金龙绚彩"，是龙潜巨浸云光闪烁，花浪翻风。"独占鳌头"，是祥鳌顾尾，抱月飘烟）分别拍了彩色照片刊登出来，这些供品出自一位何佳师傅的精心制作。

席上各种卤味烧腊，又是出自岭南烧腊梅博的杰作。据国宾酒楼负责人说："这一次满汉全席实际是动用厨师百人左右，另外还请一位退休多年赵不争师傅当顾问。赵师傅曾经处理过满汉全席，有多次经验，所以这次特地请他来加以指点。"

赵不争师傅说："满汉全席，真正是灵蟠木，山珍海错，包罗万有。以类别来分，大致可分为'飞''潜''动''植'四大类：'飞'是指飞禽，包括白鹤、鸳鸯、山鸡、水鸭、鹧鸪、鹌鹑、竹鸡、斑鸠、猫头鹰、白鸽、燕窝等。'潜'是指海产，包括龙虾、大虾、网鲍、排翅、山瑞、海狗鱼、桂花鱼、嘉鱼。潜类里最难得的是鲟龙鱼，而且是满汉全席的必需品，因为菜式里有道菜叫'龙运吉祥'，是用巨大鲟龙的肠子做的。这种'龙肠'已绝迹四十多年了，这次是打听到有位美食专家还藏有晒干龙肠十两，托人情商结果，因为人情面子所拘，以港币二百元匀了二两，才能登盘荐餐，与宴的各位士女，可算口福不浅。'动'就包括的更多啦，比如熊掌、象鼻、猩唇、驼峰、果子狸、鹿尾、山猪、豹胎、驼蹄、猴脑等种类一时也就数不清了。至于'植'则是各种干鲜菜蔬，像竹笋、石耳、冬虫夏草、名贵蘑菌越发不胜枚举。这桌满汉全席，除了无法罗致的材料外，凡是能搜求到的，无不尽量设法弄到以襄盛举。猩唇因为当时缺货，无法供应，猴脑格于香港禁令只得放弃，驼峰虽然已经订货，可是TBS映画社不喜欢这道菜，所以也取消了。"

照赵师傅所说情形，纵或满汉全席真的是那些灵肴异味，经过日本人的挑挑拣拣，再加上有些东西缺货，恐怕也不是最初满汉全席的石髓玉乳，祕果璇蔬啦。

有人透露，这席华筵，龙门宴是灵异所萃，最为绚丽，除了一道雪菊鲟龙的龙肠是稀世之珍外，"一掌山河"的熊掌，就重达十五磅，用文火炖了三天，加上沙雉、禾花雀、斑鸠、鹌鹑、山鸡、鹊鹰所谓六禽作配料。上菜时熊掌捋六禽，因此叫"一掌山河"。这道菜在高价粤菜大宴上也有人吃过，羊脂温润，厚而且醇，倒不是徒拥虚名的一味正菜呢。

据曾经参观过的人形容餐厅布置，云母螺钿酸枝台椅，堆金砌玉屏风，尊彝罍卣，哥瓷汝瓯，树石盆栽，宫熏炉鼎之外，银饰彩仗，紫丝稠沓，各缀葐卉鲜葩。王维诗所谓"九天阊阖开宫殿"，宋台梁馆恐怕也不过如此吧。

宾客既快口福之乐，当然不能无视听之娱。盛筵宏开，八音竞奏，古乐迎宾，并由长衫马褂堂侍高唱芳衔，依序在芬芳沤郁、水泛柔香犀玉镂金水盘净手，然后肃客入座。每进一簋，也由堂侍唱出菜名，并且解释内容（可惜不知当时是用什么语言报菜）。筵席所用杯盏器皿一律都是仿古镀金。这一堂近年来香港最豪奢的华筵，分成两天足足吃了四餐，才算结束礼成。

与宴的豪客有人说，象鼻吃起来味道像红烧牛肉。熊掌虽然味浓质烂，可惜就是胶质太重。有几位女明星说，其中最好吃还是明炉乳猪，尤其烤乳猪皮，逬焦酥脆，耐人咀嚼。总而言之，整桌酒席都是有美皆备，无丽不臻，只可惜一般人胃纳太小，没法子一一容纳消受罢了。

最有趣的是香港电视明星薛家燕女士，她是香港影剧界最讲究饮馔的美食闻人，对于这次满汉全席欣羡不已。她说："如果公司要我拍一个这样的特辑，我宁可什么报酬都不要了，因为可以大快朵颐呀！"冯宝宝说："人一世，物一世，有机会真的要一试满汉全席，不过十万港币才能尝到，似乎太贵，中下人家一世也赚不到这笔钱呀！"

由她们两人的话，可见港九仕女对于这席盛筵是如何地向往了。现在已经席终人散，可是余音袅袅，饮食界的朋友，大宴小酌仍不时拿它当谈话资料呢！

红烧象鼻子的秘密

先母舅张柳丞公游宦粤省多年，所以对于羊城饮馔，品尝殆遍，常听他老人家谈起，民国二十年前后民康物阜，在饮宴方面奇肴豪华，珍错悉备，当时广州有所谓四大酒家，最负盛名。西关的"谟觞""文园"，南关的"南园"，长堤的"大三元"。这四大酒家各有自己的招牌菜：大三元是以红烧紫鲍排翅为号召；南园是以上汤称雄，上汤一海碗外卖，是小洋两元，照目前银码折合价钱，也就太惊人啦；文园以四热炒驰名百粤，他家热炒纯粹用螺蚝蛤蚧一些珍异水族入馔，上味横出，争夸异味；谟觞珠帘玉户，鸥鹭飞檐，锦铺俨雅，罍卣清奇，当年如设满汉全席，非有谟觞那样高堂邃宇，才能够撒筵翻席周旋进退，揖让自如，推为当时最开阔的场地。谟觞在广州以会做满汉全席驰名，同时香港德辅道中有一家大同酒家也以擅制满汉全席自夸，尽管岭南富饶，豪商巨富、西绅买办云集港九广州，每天觥筹交错，锦衣玉食，过着纸醉金迷、穷奢极侈的生活，可是谁也不会随随便便来上一桌满汉全席大啖一番。两个酒家互别苗头的结果，毕竟谟觞主人棋高一着，独出心裁，把满汉全席的熊掌、驼峰、象鼻、猩唇四珍之一的象鼻拿出来奉客，凡是一百二十元以上的酒席就外赠敬菜红烧象鼻一簋请客品尝，这道菜羊脂温润、濡肥腴烂，可是毫不腻人。

梁均默（寒操）先生是粤菜饮馔大名家，张梁两公对这道菜的质料时常发生疑问，大象在中国并不是一种普通动物，搜求并不简单，如此供应，难道就不怕原料不济了吗？

而且肌理滑香，象肉何以如此柔嫩，屡次向堂倌探询，也不得要领。台湾光复两老先后来台偶或聚晤，还常把在广州西关吃的红烧象鼻当话题来谈说呢。

上次笔者在"万象"版写了一篇《华筵馋余》，也谈到了象鼻，承读者周逸亭先生赐告；据说约莫在二十年前，香港毕打街有一家蓝天餐厅，周先生就在该餐厅工作。餐厅老板庄保庆把中餐部分包给一位罗医生承做，罗医生手下有位厨师谢乐天，曾在清宫御膳房当过差。于是他们想出一道御厨名菜"红烧象鼻"，为了招徕吃客，凡是预订酒席，每桌在二百五十元以上者，便每客奉送一小碗。周先生因为近水楼台，常到厨房舀一两碗来吃，味道确实跟红烧牛肉差不多。在生意最旺盛时期，每天要送出好几十碗，但最令人奇怪的是，从没见有人把整条的象鼻子背进厨房里来过。究竟象鼻从何而来，厨房里一干人等固然是守口如瓶，就是问掌灶的谢乐天，也只笑而不答。

直到庄罗两人因故拆伙，罗大夫到九龙河内道开了一家江南之家，谢师傅当然跟着跳槽，临分手的时候，谢乐天才把这个秘密说出来。敢情所谓象鼻，实际是猪大肠的肠头冒充的。把肠头最肥厚一段切下来，用粗绳一道一道地扎成象鼻的横纹，浸在卤水里三天，肠头已然成形，然后用重油浓料红烧，脏气全消，再也吃不出是大肠的味道了。

经过周先生这一番解说，几十年的疑惑豁然顿开，同时周先生亲身经历与张梁二公所知大致吻合。由这件事情证明，所谓山珍海错，并不见得完全是名实相副。有些菜名叫起来，让人觉得这道菜是灵肴异味，如果西洋镜拆穿，实在稀松平常，没什么奇特之处，不过是唬唬人而已。

马肉米粉忆桂林

在台湾很讲究吃新竹米粉，但如果您吃过广西桂林的马肉米粉，就知道有上下床之别啦！

桂林山水甲天下，是人人皆知的，可是桂林的三宝米粉、马蹄、豆腐乳知道的人就不多了。桂林米粉就形态来说，有宽、窄、圆、扁之分，从质料来论又有糊、爽、韧、糯之别。米磨出粉来不但细润而且洁白，据磨粉师傅说："桂林的米粉好吃，完全得力于当地的水质好，离开桂林百八十里，就是桂林请的师傅，也做不出像桂林的米粉了。"

凡是初次到桂林的人，当地亲友必请吃

马肉米粉接风。到馆子里一坐定，主人一叫就是三十碗或五十碗马肉米粉，客人一定大吃一惊，三五十碗米粉叫人怎样吃得下？等幺师把米粉端来，碗只有三寸大小，足高底浅，比台南度小月担仔面的面碗，还要来得秀巧。碰上北方壮汉，一口一碗，吃个五六十碗，还不一定能填饱肚子呢！

马肉米粉既然是桂林的招牌小吃，所以桂林到处都有卖马肉米粉的小吃店，其中以金桂园、美中美最负盛名。据说他们所采用的马肉是当地的一种土马，又有人叫它菜马，虽然躯干矮小，可跟四川的川马不同。这种菜马肉香鲜细嫩，选肉要用后腿精肉，如果煮得火候到家，切成飞薄肉片，甘鲜沉郁，入口即溶，原汁肉汤更是馨香味美。如果是一般马肉，老饕入口便知，因为一般马肉无论你烹调技术再高，肉总带点酸味，而土马汤肉均美，绝不带酸。还有一项吃马肉米粉的不成文规矩，无论您叫多少碗，伙计不会一次给您端上来，总是让您少吃个几碗吊吊您的胃口，照他们说法是让您回味回味。其实这种吃法确实能让顾客多销几碗呢！

文昌鸡和嘉积鸭

前几年，台北中华路上出现了一家卖海南鸡饭的，因为物美价廉，生意做得蓬蓬勃勃。台北饮食业素来有一窝蜂跟进的恶例，没过多久，台北西门町附近卖海南鸡饭的一下子有七八家之多。海南鸡饭，说得正确一点儿，真正名称应该是"文昌鸡饭"。

在香港的一般吃食店，都是用"海南鸡饭"这个名称来号召。最初有人在香港报纸上谈说，海南鸡饭是从新加坡传来的，有人提出反驳，于是在报纸上展开了论战。究竟哪儿先有海南鸡饭，鸡一嘴、鸭一嘴的令人莫衷一是。最后经一位老食客指出，最先出现是在民国三十二年广州市文昌路的广州酒家。广州文昌路之得名，乃开辟马路之前，有一座文昌庙，马路开成，就命名文昌路，所以跟海南岛的文昌县无关，并拍有照片为证，才停止了这一场笔战。广州酒家一开业，就以"文昌鸡""嘉积鸭"来号召。当然文昌鸡是指海南岛文昌县的鸡，而非广州市文昌路的鸡则彰彰明甚。

嘉积地处海南岛东陲，属琼海县，当地人养嘉积鸭跟北平的填鸭有异曲同工之妙。他们养鸭是用一种"埕"，埕底有孔，以便清除秽物，鸭养大长肥，把埕挤得满满的。这种鸭饱食终日，回旋无地，所以膘足肉肥，骨软而脆，凡是吃过嘉积鸭的，自然知道它的风味如何了。当初军事专家蒋方震（百里）先生有琼海县朋友送他两只嘉积鸭，他认为嘉积鸭是鸭中珍品异味，远比北平烤鸭好吃呢！

新加坡大排档有个叫"瑞记"的饮食店，

四五十年前，海南文昌县有一个叫莫复瑞的，披荆斩棘，远涉重洋来开创事业，子承父业，现在已由莫的曾孙渊若来继承了。渊若说，他曾祖初到新加坡时推着手车，沿街叫卖文昌鸡、嘉积鸭，每天鸡鸭各做六只，因为他老人家对于选购鸡鸭有独到的窍门，所以车推出来不一会儿，鸡鸭就卖得精光。他说一只宰好的鸡，新鲜不新鲜，主要是看鸡肉，鲜红的是好鸡，泛紫的就不太新鲜了。活鸡首先听声音看动作，要嘹亮生猛，如果啼声细沉，不断伸颈呼吸，嘴吐白沫，那种鸡千万别买。鸭的看法跟鸡不同，鸭是以尾油为主，一只鸭的肥瘦决定鸭的好坏。鸭子的眼睛灵活清晰，就是好鸭子，如果鸭头不断低垂，不是灌过水的，就是填过沙子的。买鸭子最重要是分别老嫩，老鸭的毛比较粗糙，只宜用于煨炖。至于嘉积鸭一定要母鸭，饲养得法，鸭才肥嫩。

经过多年劳苦经营，瑞记才在新加坡大

排档买下这座铺位，每天可以卖到上百只鸡鸭。用埕养鸭已经无法供应，不用埕养，鸭肉一定变质，为免坏了多年赢得的美誉，于是停售嘉积鸭，独沽一味，专卖海南鸡饭了。现在每天卖六七百只鸡是正常生意，到了假日或有大批观光团体拥到，卖上千把只鸡也是常事呢！

　　现在新加坡大排档卖文昌鸡饭的，已经不只瑞记一家，而一般老食客，要吃文昌鸡饭，还是认定瑞记来照顾。生意做大了，时代也不同往昔，他家文昌鸡饭也没有莫复瑞时代那样讲究，可是瑞记收购鸡只，条件仍很严格，保有一定风格。就拿烧火的柴来说吧，每一根柴的粗细长短全都一样，以求火力停匀。这些细枝末节，其他卖海南鸡饭的，就都无法办到。瑞记开在新加坡 Middle Rd. 已经四五十年了，风传新加坡政府要把这个地段老旧房屋重新改建，瑞记饭店未来的命运如何，就不得而知了。